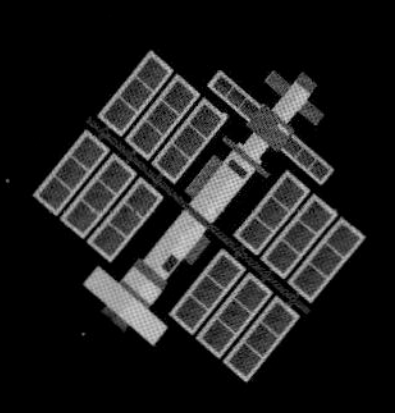

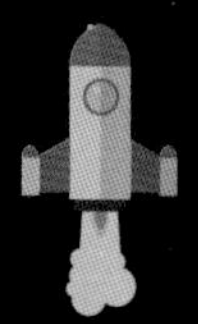
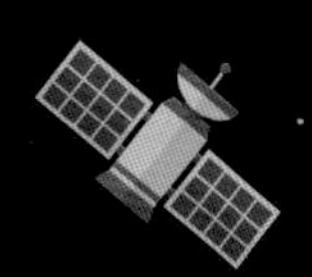

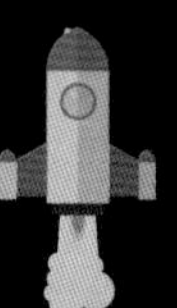
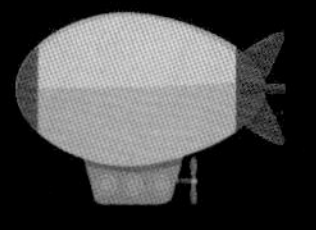
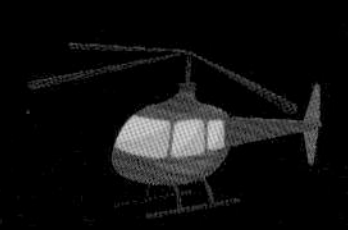

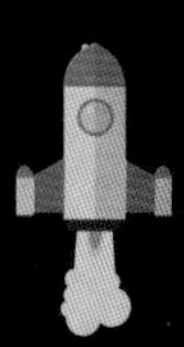

北斗问苍穹
科普丛书

北斗问苍穹

卫星导航和大众生活

芈惟于　李亚晶　熊之远　著

電子工業出版社
Publishing House of Electronics Industry
北京·BEIJING

内 容 简 介

随着科学技术的不断发展，北斗卫星导航系统早已融入日常。北斗卫星虽远在天外，应用却近在身边。

为了开阔读者的眼界，本书通过15个北斗卫星导航系统在大众生活中的应用场景，如共享单车、电子站牌、电子地图、车联网、无人驾驶、物流、日常生活、旅行、多旋翼无人机、天气预报、大众体育、竞技体育、服务长者、关爱儿童、摄影等，讲述北斗卫星导航系统的重要作用和意义。

本书力图把北斗卫星导航系统的应用场景“图解化”，用形象的语言拉近与读者的距离，鼓励读者张开想象的翅膀，思考北斗卫星导航系统的应用情景，让读者在了解我国航天事业取得辉煌成就的同时，增强民族自豪感。

图书在版编目（CIP）数据

北斗问苍穹．卫星导航和大众生活 / 芈惟于，李亚晶，熊之远著．— 北京：电子工业出版社，2023.8
（北斗问苍穹科普丛书）
ISBN 978-7-121-45582-7

I. ①北… II. ①芈… ②李… ③熊… III. ①卫星导航－全球定位系统－中国－普及读物
IV. ① P228.4-49

中国国家版本馆 CIP 数据核字（2023）第 085527 号

责任编辑：张　楠
特约编辑：刘汉斌
印　　刷：河北迅捷佳彩印刷有限公司
装　　订：河北迅捷佳彩印刷有限公司
出版发行：电子工业出版社
　　　　　北京市海淀区万寿路 173 信箱　　邮编：100036
开　　本：720×1000　1/16　印张：6　字数：105.6 千字
版　　次：2023 年 8 月第 1 版
印　　次：2023 年 8 月第 1 次印刷
定　　价：56.00 元

凡所购买电子工业出版社图书有缺损问题，请向购买书店调换。若书店售缺，请与本社发行部联系，联系及邮购电话：（010）88254888，88258888。

质量投诉请发邮件至 zlts@phei.com.cn，盗版侵权举报请发邮件至 dbqq@phei.com.cn。

本书咨询联系方式：（010）88254579。

丛书编委会

前　言

北斗卫星导航系统（简称北斗系统）不仅是我国重要的空间基础设施，还是航天事业的一项重要成就。北斗系统的建设和运营不仅带动了科技、经济的发展，更是为广大用户带来了便利。

2020 年，北斗三号正式建成，圆满完成了北斗系统“三步走”的发展战略，开始向全球化时代加速迈进：面向全球用户提供全天候、全天时、高精度的定位、导航和授时服务。由于北斗卫星定位技术、北斗卫星导航技术与新一代信息技术及其他技术具有高度的关联性，北斗产业也和多个相邻产业深度融合，因此，北斗系统在现代智能信息产业群中发挥着技术支持平台和发展引擎的作用，并迅速进入涉及国家安全、国民经济、社会民生等诸多领域。

在人们的日常生活中，很多地方都用到了北斗系统。它既可以成为道路交通协管员、农业生产人员的好帮手，也能成为动物的守护者、渔民的保护神。截至 2022 年上半年，包括内置北斗模块的智能手机在内的北斗用户设备数量超过 1 亿台。可以说，北斗系统无处不在。

为了展现我国航天事业的伟大成就，让读者读懂航天，激发读者探索科学的兴趣，我们特撰写北斗问苍穹科普丛书。本套丛书由中国工程院院士刘经南、教育部长江学者特聘教授姜卫平牵头，由长期从事航天工作、参与北斗系统设计建设的研究人员担任主要作者（除封面署名作者外，刘作林老师也参与了书稿的撰写工作）。在撰写完成后，又聘请曹冲、曹雪勇、第五亚洲、来春丽、李冬航等多位专家进行了技术审核。本套丛书共三册:《北斗问苍穹：优秀的北斗三号》《北斗问苍穹：卫星导航和大众生活》《北斗问苍穹：卫星导航和基础设施》。本套丛书力图通过简洁的语言、精美的图片，向读者讲解北斗系统的基本原理，生活中的北斗系统，以及北斗系统在农林渔业、水文监测、气象预报、救灾减灾、交通运输、建筑施工、找矿采矿、电网运营等涉及经济社会发展领域中的应用，揭开北斗系统的神秘面纱。

"北斗垂莽苍，明河浮太清。"此刻，苍穹中已有中国人自己的北斗系统。我们希望本套丛书能够解读令人自豪的"中国名片"，对宣传我国在航天领域的科技创新成就、提升读者的科学文化素养、提升大众的文化自信起到促进作用。

芈惟于

2023 年 6 月

目 录

第 1 章

揭秘共享单车

今天的人们已经离不开工具了，并且工具（器物）的“进步”是不可逆的。正如汽车已经随处可见，这时再要求所有人停止使用汽车，改用牛车、马车，根本不可能实现。如果有人提议，因手机带来了太多问题、浪费了太多时间，大家都不要使用手机了，回归到使用固定电话、电报、书信作为主要通信方式的年代，那人们肯定觉得他疯了。从共享单车的“进化史”，也能看到工具的演进历程。

共享单车是一种共用工具。共用，意味着不仅可以节约资源，还可以带来效率的提升，有助于构建一个低成本、高效率的社会。

在共享单车“诞生”之前，曾有过有桩公共自行车。有桩公共自行车也是共享的，但需要有固定的停放位置，即锁桩（又称停车桩）。

有桩公共自行车“诞生”于 2010 年，城市管理者引入有桩公共自行车的目标有两个：方便市民出行；减少私人自行车的乱放问题。

2012 年前后，很多城市开始引入有桩公共自行车。以北京为例，在 2012 年至 2021 年间，共设置近 4000 排锁桩，有桩公共自行车曾创下 12 万辆车在同时使用的纪录。

随着共享单车的兴起，2021 年前后，几乎所有城市的有桩公共自行车陆续退出了城市舞台。有桩公共自行车的运营单位，有的宣布停止运营，有的开始使用无桩公共自行车来取代有桩公共自行车继续运营。

小提示

无桩公共自行车其实属于共享单车，只是与共享单车的运营者不同：无桩公共自行车一般由政府机构委托的单位或有公益性质的组织运营；共享单车一般由互联网公司运营。

有桩公共自行车为什么会“让位”于共享单车呢？原因很简单，就是共享单车使用起来更方便，既不需要提前到特定地方办卡（使用手机端的共享单车小程序即可），停车时也不需要寻找锁桩，放在共享单车的规定停放区即可（鼓励人们将共享单车摆放整齐）。普通无助力的共享单车应用最为广泛，是健康、环保的绿色交通工具。共享电动滑板车在一些欧洲城市很常见，但按照《中华人民共和国道路交通安全法》的规定，公共道路不能行驶电动滑板车，因此共享电动滑板车在我国的应用较少。共享电动自行车又叫共享电动单车，在我国的部分城市是允许运营的，只要按照管理规范，限速、保留脚踏板，并上车牌，即是合法的。

是什么让共享单车摆脱了锁桩的束缚呢？“主角”出现了，即在共享单车里安装的卫星定位模块（内嵌具有北斗定位功能的芯片）。因为有了卫星定位模块的帮助，手机端的共享单车小程序能够清楚地知道每辆共享单车的位置，此时此刻哪些共享单车正被哪些手机号对应的手机开锁，哪些共享单车正处于骑行状态，哪些共享单车正处于停放关锁状态……反过来设想一下：如果没有卫星定位模块，运营商如何管理这些共享单车呢？在运营商看来，很多共享单车可能会凭空消失，或被遗忘在某个角落，或被当成某些人的私产……总之，不再可能成为共享单车了。

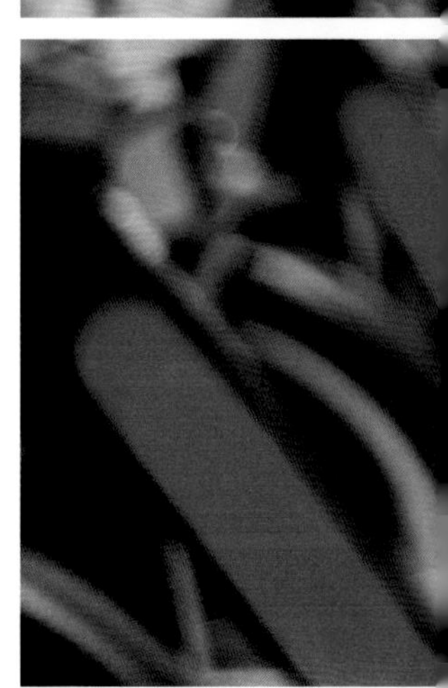

喜欢动脑筋的朋友可能会问：“定位，一定要通过卫星才能实现吗？”答案是“不一定”：在共享单车中安装的手机模块，也能通过与周围的基站通信来实现定位，只是通过基站定位的精度取决于基站密度，误差既可能超过 100 米，也可能在 10 米左右。也就是说，

虽然通过这种方式的确可以定位，但定位不准确，这会给想要使用共享单车，以及回收故障共享单车的运营商带来诸多不便。一位共享单车运营商的管理者曾在接受采访时感叹："自从加装了具有北斗定位功能的芯片，共享单车的定位精度提升到亚米级，使得移动共享单车、回收故障共享单车的工作效率提升了 40%！"

小提示

亚米级的意思是测量误差小于 1 米。

在共享单车中安装的卫星定位模块，还是城市管理部门的好帮手。在北斗卫星导航系统（简称北斗系统），以及地面增强系统的共同助力下，共享单车的定位精度可以达到亚米级。城市管理部门可以据此划定共享单车停放区，要求共享单车运营商根据划定的停放区设置虚拟电子围栏（虚拟电子围栏是一个矩形停车区域，在软件系统中标定矩形的 4 个顶点坐标即可）。如果用户在骑行完共享单车后，其停放位置经过北斗系统确认不在划定的停放区，则运营商的软件系统就可表示出共享单车位于虚拟电子围栏之外，并通过小程序向共享单车用户发送一条信息，提醒用户必须将车辆停在指定区域内，否则无法锁车

结束行程。目前，很多城市已与共享单车的运营商合作，采用虚拟电子围栏的方式保持道路安全、整洁，共享单车乱停乱放现象得到了有效遏制，文明骑行、规范停车的比例有了大幅提升。

总之，地上跑的共享单车在得到天上飞的北斗系统助力后，共享单车就拥有了“千里眼”，从而为用户提供定位精准的服务。

想一想  搜一搜

1. 共享单车的运营商为什么每天都要移动共享单车呢？
2. 假设有一个圆形的虚拟电子围栏，并已知半径和圆心的经度、纬度。若给定一辆共享单车的经度、纬度，应如何判断该共享单车是否位于虚拟电子围栏内呢？

小提示

在共享单车刚刚兴起时，均采用单一的全球定位系统（GPS）进行定位，很多时候定位并不准确，经常发生用户找不到共享单车的情况。现在寻找一辆共享单车变成了一件非常容易的事儿，因为几乎所有的共享单车都安装了兼容多种卫星导航系统的芯片，可基于多种卫星导航系统进行定位：有的兼容 GPS 和北斗；有的兼容 GPS、北斗、格洛纳斯（GLONASS）；有的兼容 GPS、北斗、格洛纳斯、伽利略。兼容三种卫星导航系统的芯片最为常见。

第 2 章

电子站牌不简单

能显示公交车何时到达的电子站牌让我们的出行变得更加便捷。那电子站牌是如何预测公交车的到达时间的呢？首先，公交公司调度室需要知道每辆行驶的公交车的实时位置，然后根据实时路况预测公交车到达下一站点的大致时间，最后将预测时间发送至相应的电子站牌。如果公交线路较多，有成百上千辆公交车行驶在路上，超大城市甚至有数万辆公交车在同时行驶，那么根据位置信息和实时路况迅速预测每辆公交车到达下一站点的时间，就不是人脑能够胜任的事情了，只能由电脑来完成。

在上述过程中，定位是基础。如果不能定位，那后面的工作根本无从谈起。下面让我们开动脑筋，想一想如何定位正在行驶的所有公交车。办法肯定不止一个。

让公交车里的人自己报告位置怎么样？理论上可行。例如，每到一站，公交车售票员就给调度室发送一条信息：666路005号公交车到达北京西站南广场。但目前大部分公交车已经没有售票员，让紧张、忙碌的驾驶员承担这个任务又不太合适，并且只在到站时发送位置信息并不能反映意外出现的堵车情况，会造成调度室预测公交车到达下一站点的时间不准确。

让公交车外的人报告位置呢？理论上可行。例如，上午9点32分28秒，位于北京西站南广场的公交引导员向调度室发送一条信息：666路005号公交车到达。这种办法与上一种方法一样，很难反映行驶中的意外情况，除非沿途每隔一段距离（如50米）就设置一个观察岗。这得需要多少人力啊！

在城市上空悬停一艘飞艇，并通过飞艇的“眼睛”定位全市的公交车呢？理论上可行——为什么是飞艇而不是气球呢？因为飞艇有动力，被风吹偏时，可自己矫正位置。为飞艇安装高分辨率照相机，每隔几秒为地面

上的所有公交车拍照。为了让调度室的电脑能够迅速识别出每辆公交车，需要在车顶上绘制标识。例如，在上文提及的公交车车顶绘制硕大的数字：666-005。虽然这种办法能够节省人力，但仍有缺点：遇到雨雪天气时，飞艇的“眼睛”看不清楚；公交车一旦进入隧道，或者在立交桥下行驶，飞艇的“眼睛”就看不见了。

把公交车当成卫星来跟踪，给每辆公交车都安装一台信标机，让它不停地发信号，从而定位公交车呢？理论上可行。每辆公交车发出的信号都是独特的，以便接收站识别。可以在道路中布设接收站网，根据接收信号的有无和强弱判断公交车的实时位置。虽然这一方案听起来很烦琐，但类似的办法在轨道交通中很常见：火车、地铁、有轨电车可以向轨道中的传感器发送信号（类似于不停地“说话”），不同位置的传感器就可以感知车辆的实时位置，并发送至调度室。信标机方案可以认为是前面两个人工方案的自动化版本。

在每辆公交车上安装北斗卫星导航系统接收机，每隔一段时间（如 10 秒）便自动给调度室发送位置信息呢？理论上可行。很多人认为，既然有了北斗系统这一强大助手，那定位公交车是多么简单的事情呀！虽然北斗系统的功能强大，但仅靠北斗系统还远远不够：在飞艇方案中存在的遮挡问题，即看不到隧道中和立交桥下的公交车，仅通过北斗系统定位时，遮挡问题同样存在，甚至更为严重。根据卫星导航定位原理，一个接收机至少需要同时接收到由 4 颗同一系统的导航卫星发出的信号才能实现定位。同一系统的意思是说，接收机（可以是单独的接收机，也可以

是手机或其他设备中的导航模块，但核心都是卫星导航芯片）成功定位的条件是能同时看到 4 颗 GPS 卫星或 4 颗北斗卫星（以只兼容北斗和 GPS 的接收机为例）。由此可知，若想通过接收机实现定位，则需要同时看到 4 颗同一系统的导航卫星，并且此时 4 颗导航卫星的位置关系要比较好，即 2 颗导航卫星靠得太近不行，2 颗导航卫星和接收机连成一条线也不行。所以，公交车位于隧道中、立交桥下时，或者公交车在高楼大厦间穿行时，可能因接收机无法同时看到 4 颗同一系统的导航卫星而无法实现定位。

有什么解决办法吗？信标机方案的要点是需要公交车内的设备与地面设备不停地“说话”，那能否由公交车内的移动电话终端与周围的手机通信基站不停地“说话”呢？答案是可以的。我国已进入 5G 时代，并布设了大量的 5G 站点（截至 2021 年底，全国建成的 5G 通信基站超过 130 万个）。因此，回到解决公交车定位的问题，比较理想的解决方案是“北斗+5G”。这一解决方案有着极高的精度和覆盖度，可实时提供亚米级、厘米级、毫米级的高精度定位服务。通过获取公交车当前的位置信息，如当前经纬度、当前速度值、当前速度矢量方位角、当前时间等，不仅可让调

度室的工作人员通过查看公交车的“活点地图”，调整公交车的发车时间以减少乘客的等车时间，还能让乘客通过电子站牌中显示的下一班公交车预计到达时间合理进行出行规划，起到了提高服务质量、方便乘客出行、提高运营效率、降低环境污染、减少能源消耗的作用。

“北斗 +5G”作为公共交通的“智能基石”，为推动智能交通建设奠定了坚实基础。随着“北斗 +5G”解决方案的广泛应用，未来将有越来越多的城市享受到智能公共交通带来的便利。

想一想　搜一搜

1. 一般的飞艇是什么形状的？为什么要设计成这种形状？
2. 为什么全球导航卫星系统的用户接收机至少要同时收到由 4 颗同一系统的导航卫星发出的信号才能实现定位？

第3章

驾驶员的小助手

每位“老司机”的养成都需要数千千米甚至更长道路的磨炼。在驾驶过程中，有两点至关重要：一是对驾驶技术的熟练度；二是对路况的熟悉度。电子地图作为驾驶员的“小助手”，能够帮助他们了解实时路况，并进行路况预测、时间预估，助力即将开启的行程，让新手、旅行者在驶入陌生道路时不再拘谨，大大缩短了“老司机”的修炼时间。

小提示

手机电子地图小程序和车载导航系统，均可预测一段时间之后的交通状况。虽然两者的载体不同，但两者的关键算法一致，因此可以统称为电子地图。

何为电子地图的“大脑”呢？如何为驾驶员推荐驾驶路线呢？答案是基于全球导航卫星系统（Global Navigation Satellite System，GNSS）获得的大量用户的位置变化数据——一条路线上的用户移动迅速，另一条路线上的用户移动缓慢，从而计算驾驶员所在路线的实时路况，考虑驾驶员的起点和终点之间所有可能的路线，给出几条推荐路线以供驾驶员选择。电子地图不仅可以基于路线时间、路况、用户使用习惯等多种因素，智能推荐行车时间最短、拥堵程度最小、距离最短或红绿灯最少等不同偏好的驾车方案，还能通过查看不同时间段出发的预估通行时间、设置到达时间反推最佳出发时间。出发、到达、路况等一切出行事宜尽在掌握之中。

那么，大量用户的位置变化数据从何而来呢？是用户自愿提供给电子地图的。用户在使用电子地图的同时，也把自己的实时位置数据发送给了电子地图背后的软件系统。同时使用一种电子地图的用户越多，电子地图背

后的软件系统获得的路况信息也就越准确。

与此刻的行驶路线相比，电子地图还可以预测得“更远一点”，比如几小时或几天后的某个时间段，通过这段行驶路线将需要多长时间。对未来的洞察，基于对大量数据的积累和分析。交通出行具有很强的规律性，本周一的路况差不多是上周一、上上周一的翻版，某条路线的早高峰、晚高峰的路况，在连续几个周一基本相同。但请注意，周四和周五的路况可能存在很大不同。众多驾驶员日复一日、年复一年地使用电子地图，已经给它“投喂”了海量数据，足以获取精确到某小段道路在某小段时间内的路况规律。

当然，电子地图也有预测不准的时候。例如：

由交通事故带来的偶然堵车会在 3 分钟后还是 10 分钟后缓解，是难以预测的。

电子地图并不能体现路况中的车道差异。虽然电子地图告诉驾驶员正在进入行驶缓慢路段，但驾驶员却能快速行驶，这是怎么回事呢？原来在行驶缓慢路段中，一条车道行驶畅通，另一条车道几乎堵住不动，电子地图把获得的速度数据平均后，给出了行驶缓慢的判断。

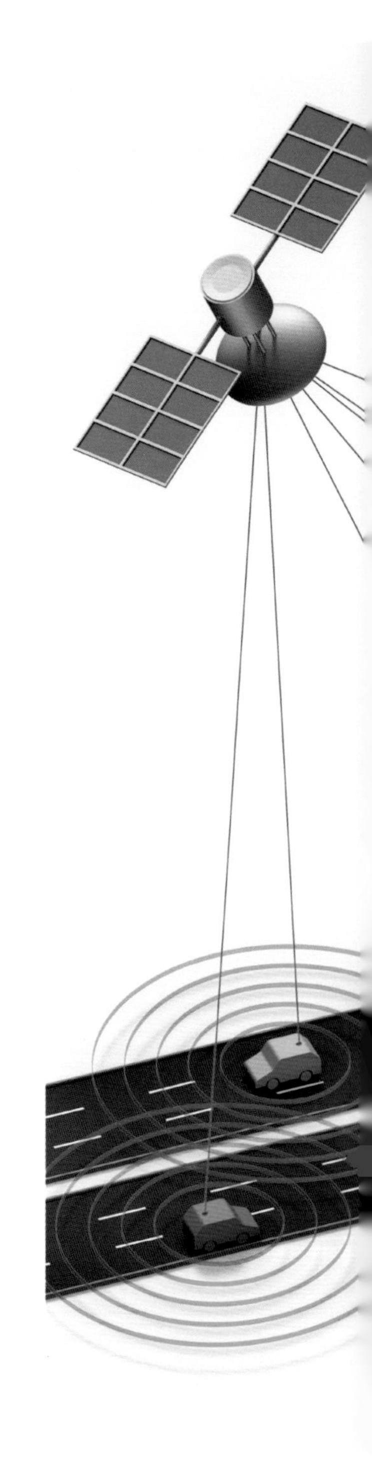

之前介绍过，市面上的卫星导航芯片绝大部分兼容两种以上 GNSS，只要其中一种 GNSS 的定位精度得到提高，那么卫星导航芯片的定位精度也会随之提高。随着北斗的天基增强系统和地基增强系统的能力得到不断提升，达到分米级甚至厘米级的定位精度已经成为现实。相信随着电子地图的不断升级，导航接收机将能感知车辆所在车道，从而提供更精确的导航服务。

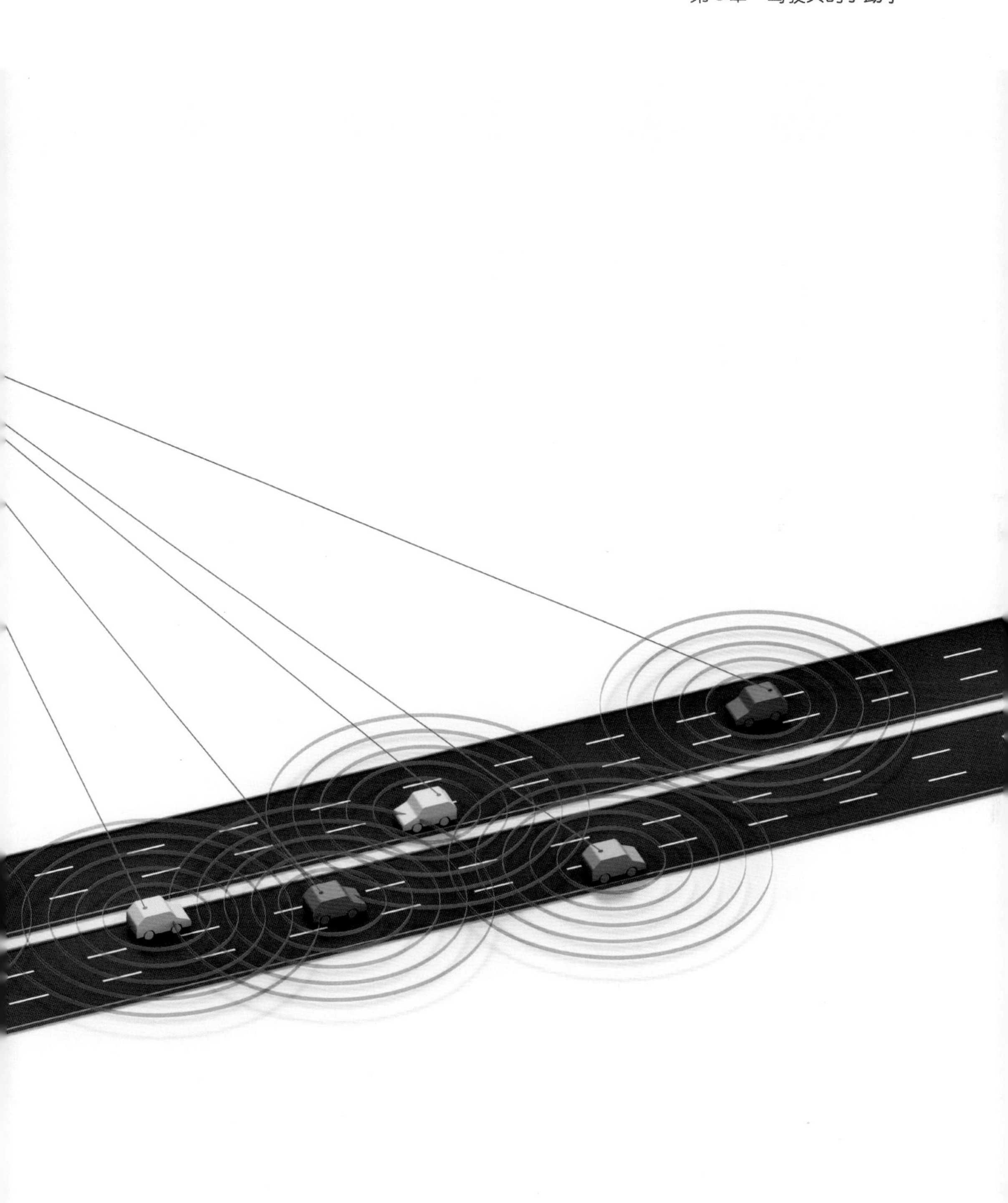

小提示

天基增强系统是通过卫星导航系统的星座本身提高定位精度；地基增强系统是通过基站等地面设施提高定位精度。

身处繁华都市的驾驶员在到达目的地后，寻找停车位可不是一件简单的事儿。目前，已经有城市开始尝试使用面向停车的北斗方案：首先，标定出所有公共停车位的位置，并利用传感器判断停车位上有无车辆；然后，将获取的信息通过手机中的小程序提供给驾驶员，甚至在驾驶员选定一个停车位后，手机中的小程序会显示一条引导路径，以帮助驾驶员高效停车；最后，驾驶员准备驾车离开时，停车总时间随即计算完毕，并自动支付停车费。

只提供引导停车服务还不算“无微不至”，“北斗数据＋地面传感器网络数据”正在让道路变得“智慧”：基于驾驶员的实时位置，给出方便驾驶员识读的路况信息、气象信息、加油站的位置信息、大小车辆的分类停放信息、餐饮住宿的引导信息等，驾驶

员可全面掌控行车环境。除此以外，一些从小处着手的技术解决方案看似简单，却十分有用。例如，在三角警示牌上加装卫星定位模块和通信模块。当汽车出现故障或事故，在路上无法移动时，驾驶员可将三角警示牌放至车后同一车道的一定距离处。此时，卫星定位模块可将三角警示牌的位置数据发送给电子地图。这样一来，正在开往三角警示牌所在位置的驾驶员，就能及时查看到电子地图中新增的三角警示牌信息，以便提前变道避让。

纵使路况千变万化，基于卫星导航系统的电子地图总能帮助我们找到更便捷、更省时的路，为真正实现高效出行提供助力。

1. 请从交通管理部门的角度思考，实时路况信息能起到哪些作用？
2. 请观察附近的停车场，其提供了哪些方便驾驶员找到空车位的方案？

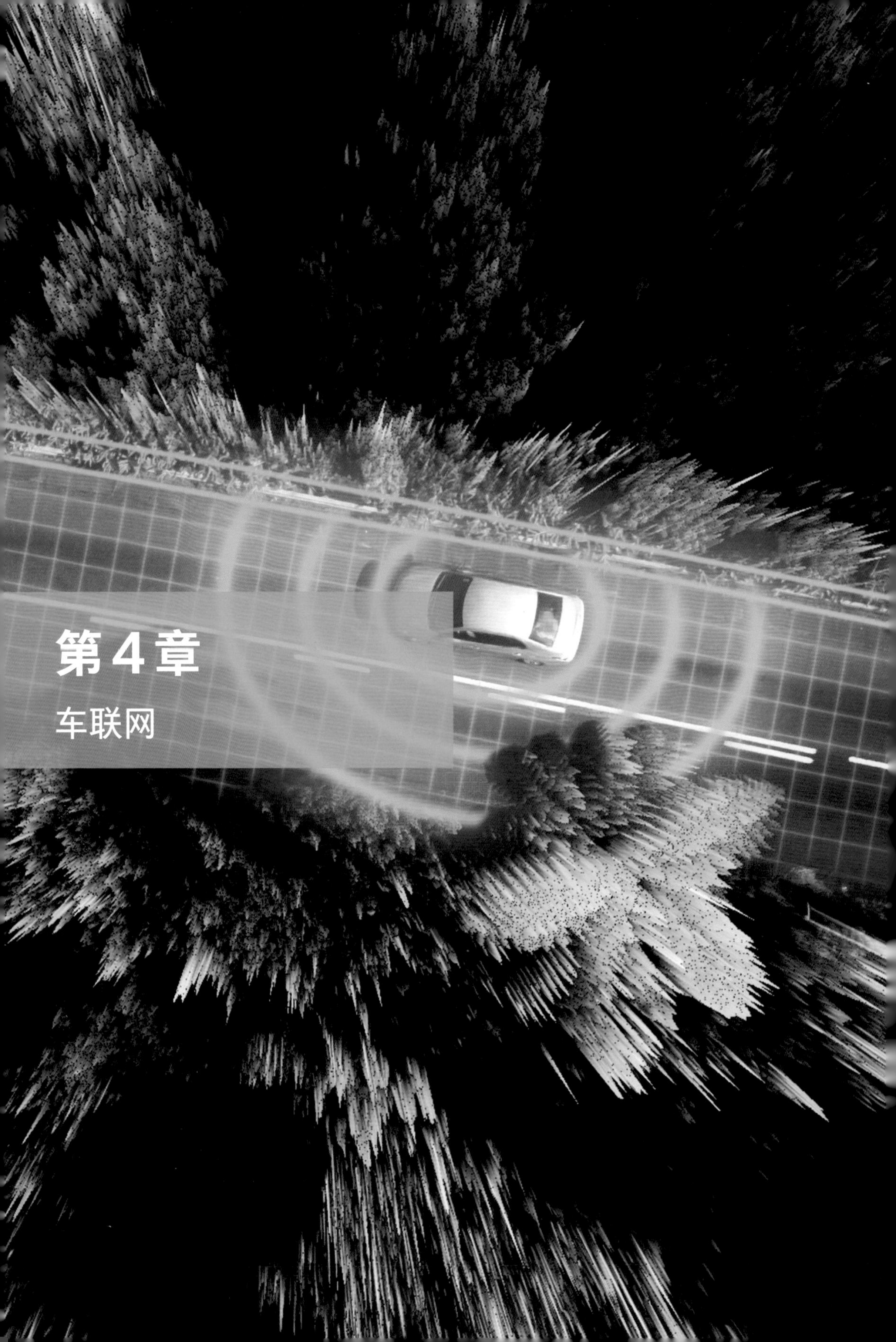

第4章 车联网

炽烈的太阳把高速路面晒得足以烤熟鸡蛋，热空气从路面上升，离地半米高的空气密度变得很不规则，折射率随之发生变化，远方的景物开始“波动”起来。闷热的正午，千篇一律的景色，让驾驶员昏昏欲睡。随着一声巨响，他发现前方大约 100 米的道路中间发生了货车侧翻事故。此时车速为 100 千米 / 时，即 27.78 米 / 秒，考虑到制动距离，驾驶员只有在 2.2 秒内做出紧急刹车的决定，才能避免撞上侧翻的货车。

小提示

为什么在开车时需要保持安全车距呢？按照国家标准，不超过九座的载客汽车在初速度为 50 千米 / 时，采取紧急刹车后的制动距离应不超过 19 米；如果不超过九座的载客汽车制动加速度恒定，在初速度为 100 千米 / 时，采取紧急刹车后的制动距离不超过 19 米的 4 倍，也就是76米，都是符合国家标准的。实际上，家用轿车在初速度为 100 千米 / 时的制动距离约为 40 米。大客车、卡车，尤其是载重卡车，往往需要更长的制动距离。还需要考虑到，遇到突发状况时，人需要一小段反应时间才能作出判断。所以，有经验的驾驶员在以 100 千米 / 时左右的初速度驾驶汽车时，会保持大约 100 米的安全车距。

目前，车联网正处于蓬勃发展阶段，若得以大规模应用，则驾驶员受到惊吓的概率将会减少大半。车联网，不仅包括车与车联网（V2V），还包括车与道路（V2I）、车与人（V2P）、车与云（V2C）的联网，用于实现智能动态信息服务、车辆智能化控制和智能交通管理。不仅如此，车联网将成为节能减排的重要推手，由其搭建的智能交通将大幅减少额外的燃油消耗和污染。随着车联网的不断发展，汽车可通过车身中的传感器主动与周边环境通信。人们把车联网使用的通信技术称为 V2X（Vehicle to Everything），用于完成

车与外界的信息交换。V2X 可涵盖 V2V、V2I、V2P、V2C 等，是一个标准的信息压缩示例。除此以外，V2X 还包括 V2S——车与卫星联网（特指导航卫星）。毕竟，车辆的位置信息是可以分享的重要信息之一。

车联网能为智能交通带来哪些变化呢？

有了车与车联网（V2V），前车在刹车的同时即把动作信息传递给后车，后车不需要驾驶员干预即可自动减速，同时将减速信息依次传递给后车。如此一来，追尾事故的发生率就大大降低了。

有了车与道路联网（V2I），即便在大车挡住视线，后车驾驶员看不到道路设施中的信号灯时，道路设施依然能把信号灯信息传递给后车，从而减少路口交通冲突，保障行人、车辆安全。除此以外，V2I 还能提供道路湿滑检测、电子路牌、道路限速警告等服务。

有了车与人联网（V2P），在前方道路，特别是人行横道上有行人通行时，会提醒驾驶员注意礼让行人，保障行人的通行权。

有了车与云联网（V2C），电子地图可从云端将道路上的车流量情况传递给驾驶员，并给出路线建议，预防出现拥堵。

与车联网相关的行业之所以得以蓬勃发展，被普遍看好，是因为车联网确实可以为民众的人身安全增加一重保障，为缓

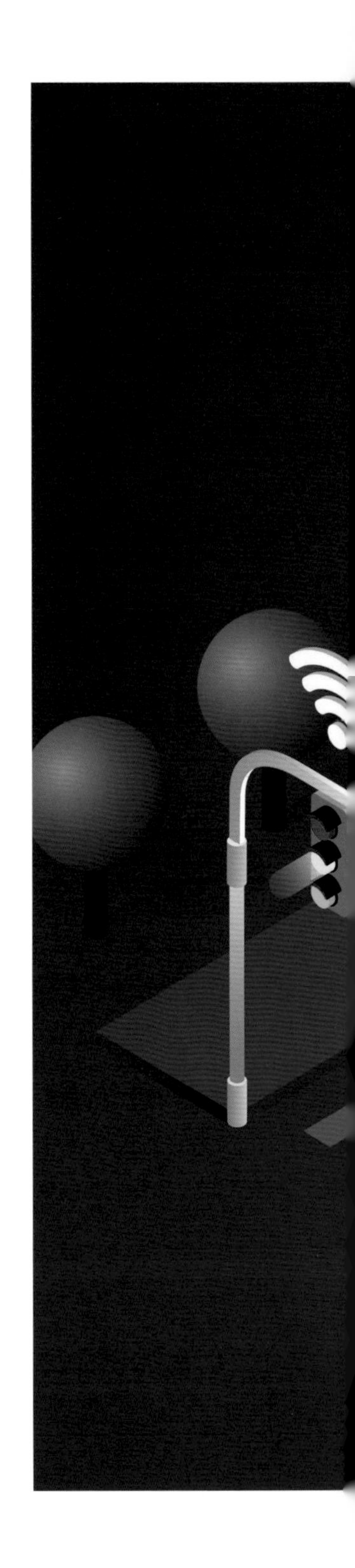

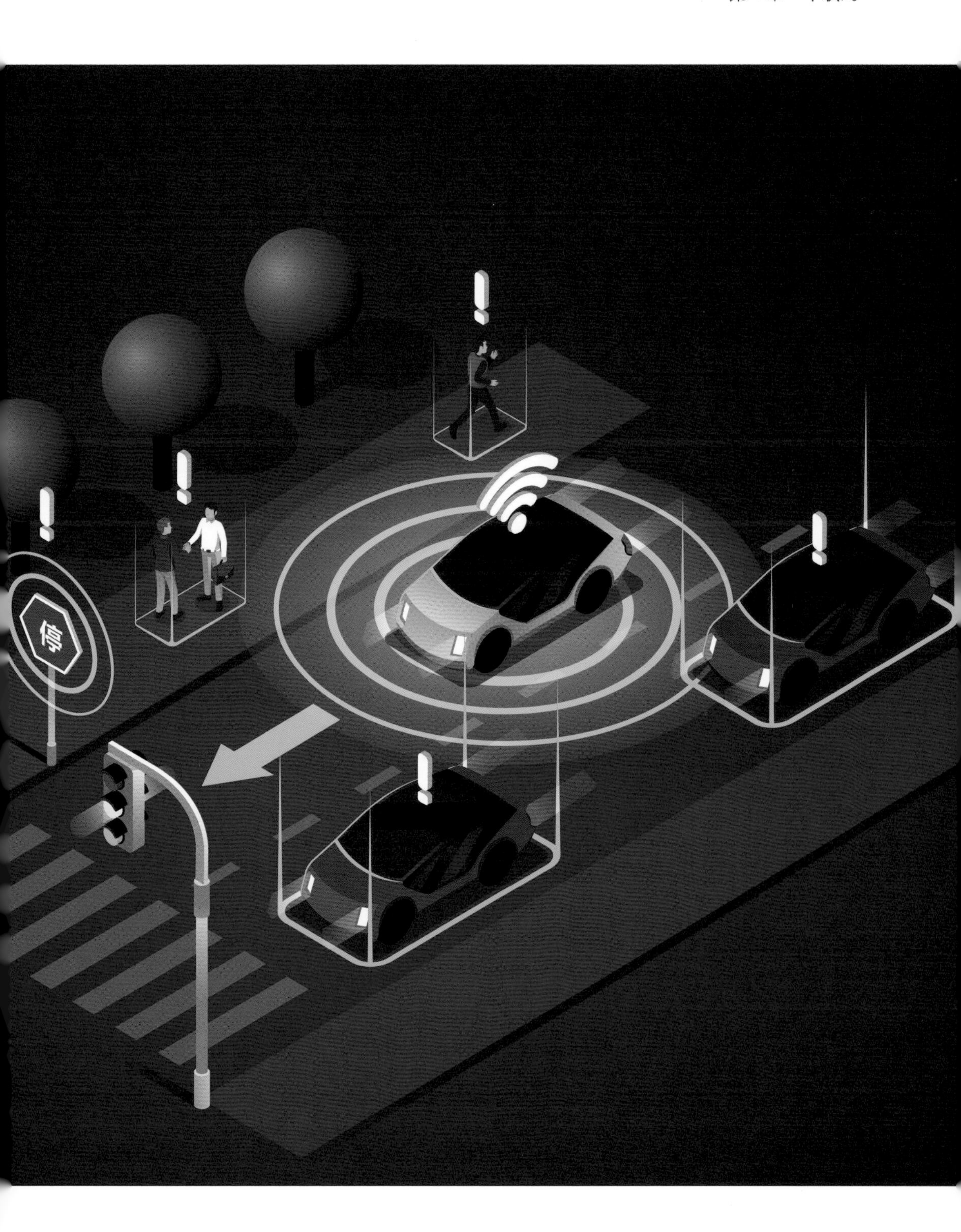
停

解交通拥堵、提高道路的使用效率、避免出现重大交通事故、提高民众的出行效率出一份力。

那我国的车联网应采用何种卫星导航系统呢？答案肯定是北斗系统：一方面，是因为北斗系统具有出色的短报文通信功能，无论车辆在行驶时还是停驻时，无论地面发生了什么状况，短报文通信功能都是十分可靠的备份通信手段；另一方面，是因为北斗系统为我国自主可控的卫星导航系统，特别是随着在沿海、沿江、沿主干道路的地区，地基增强系统的持续建设，北斗系统的定位导航精度还会得到大幅度提高。可以预测，未来北斗系统的定位导航精度会越来越高——即便达到厘米级，也没什么好稀奇的。

截至目前，国内的车联网技术仍处于探索阶段，虽然不少车辆宣称已联网，但实现的主要是基本的互联网功能和远程操作功能：前者，如查询

天气和路况；后者，如远程关闭车窗、锁车、打开空调等。只有具备车联网功能的汽车“遍地开花”，才可能实现更丰富的功能，同时达到安全、高效的目标。那时，北斗系统将在其中起到至关重要的作用。

虽然车联网的发展不是一个一蹴而就的过程，但车联网一定是未来的发展趋势，特别是现在得到了“北斗+5G”的助力，未来民众的出行会更加便捷。总之，由车联网描绘的美好蓝图，非常值得期待！

1. 什么是短报文通信？
2. 车与云联网（V2C）还可以带来哪些变化？请设想几种情况。

第 5 章

无人驾驶

无人驾驶是指由人工智能、视觉计算、雷达、监控装置和卫星定位系统协同合作，让电脑可以在没有任何驾驶员主动操作的情况下，自动、安全地驾驶机动车。与车联网一样，无人驾驶也是卫星导航的典型应用场景。

商业驱动是无人驾驶技术迅速发展的主要原因。无论是运货，还是载客，当汽车不再需要人类驾驶时，货运公司、公交车公司、出租车公司等交通运营企业将会节省大量的人力成本。有人说，把危险的驾驶工作交给人工智能（AI）比交给人类会安全得多。理论上确实如此，至少AI在驾驶汽车时，不会打瞌睡，不会因情绪不稳定而影响其他车辆，不会对自己的驾驶技术洋洋自得，犯下过于自信的决策错误。但从现在的试验情况来看，无人驾驶汽车在人类驾驶汽车占多数的道路上行驶时并不能杜绝事故，甚至很多事故还是在驾驶座上有一位安全员的情况下发生的。安全员负责留意车辆和周边情况，监督AI驾驶，当AI表现正常时不干预驾驶，一旦安全员认为可能出现碰撞，就可立即接手车辆，踩下刹车或转动转向盘。虽然很多知名人士（如太空探索技术公司CEO、特斯拉公司CEO埃隆·马斯克）大力称赞无人驾驶技术，但目前仍需要等待可信的数据来证明AI驾驶比人类驾驶更安全。

无人驾驶汽车的“眼睛”是摄像头和雷达。有了“眼睛”，感知系统才能“看见”道路、交通信号灯、附近的车辆、行人、障碍物等，并通过卫星导航系统的车载终端获得汽车的位置、速度等信息。汽车的运动控制系统凭借感知系统提供的信息来自动驾驶汽车。

目前，在港口、仓库、园区等封闭环境中，无人驾驶技术已较为成熟。例如，2021年1月17日，由我国自主研发、制造的无人驾驶电动集装箱

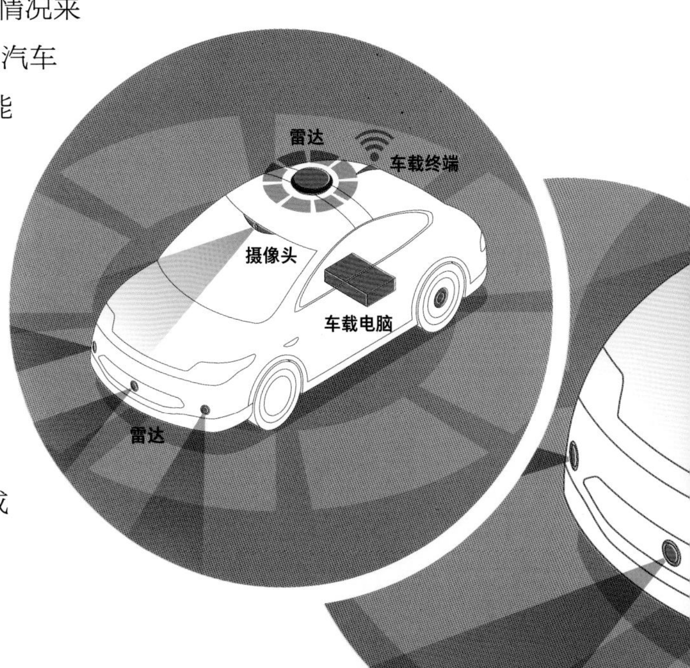

卡车在天津港进行全球首次整船作业：无人驾驶电动集装箱卡车有序经过自动加解锁站，在北斗系统的指引下，按照实时测算的最优行驶线路，停靠到预定地点；岸桥起重机从无人驾驶电动集装箱卡车上抓取集装箱，放至货轮中，实现了全流程无人自动化作业。

请思考一下，位置需要用几个量来表示呢？
经度、纬度。
没错！还有什么？
高度。
很棒！还有什么？

其实，在三维空间，需要更多的量来表示物体的位置。确切地说是6个，其中，3个用来表示物体的质心位置，3个用来表示物体的姿态，也就是“角位置”。例如，表示飞行器姿态的3个量（用角度表示），分别为偏航、俯仰、滚转，如偏航0°、俯仰15°、滚转180°。集装箱卡车在平整的港口路面上行驶,估计用不着“活泼地做出俯仰和滚转动作”（滚转对于一辆卡车来说应该算“超纲题”了），仅用一个偏航角度表示姿态即可。

基于北斗系统的无人驾驶汽车与基于其他卫星导航系统的无人驾驶汽车相比，在卫星定位、导航、授时等方面都具有优势。例如，基于北斗系统的高精度位置服务很容易获得集装箱卡车的姿态信息：在车头和车尾各安装一台北斗终端（两台终端的连线最好与集装箱卡车的对称轴重合或平行，否则需要进行角度修正）；车载电脑通过获得同一时刻两台北斗终端的经度和纬度（共4个量），即可计算出车头朝向与

经线的夹角。很多港口在实现全自动作业之后，出现的场景就是，偌大的港口，只有控制室里的几个值班员，但港口的装卸工作一刻不停，起重机张开庞大的手臂，抓起远看像小盒子一样的巨大集装箱，在货轮和前沿堆场之间往来穿梭。

小提示

已知地面两点的经度和纬度，既可计算它们的连线和经线（也就是南北方向）的夹角，也可计算它们之间的距离。如果两点相距不远，高度也接近（例如，都位于同一个平原城市的地面上），则可把这两点所在的地面视为平面：利用两点的纬度差计算南北方向的距离，利用两点的经度差计算东西方向的距离，之后利用勾股定理计算出两点之间的距离。需要注意的是，经圈和纬圈不同：我们把地球近似视为规则的球形，这时，所有的经圈都一样大，它们的周长等于最大的纬圈，也就是赤道的长度；但纬圈的周长从赤道到两极是逐渐缩小的，在北纬60°和南纬60°，纬圈的半径只有赤道半径的一半，到了北极和南极，也就是北纬90°和南纬90°，纬圈缩小成几何的点，半径为零。

与在码头、仓库等封闭园区相比，无人驾驶汽车在公共道路上的行驶逻辑要复杂千百倍。

首先是安全性无法得到充分保证。AI驾驶可能出错，事实上已经出错多次。除此以外，自动驾驶系统本身也存在着一定的风险，比如，黑客攻破无人驾驶汽车的信息安全屏障等。

其次是法律困境。无人驾驶汽车造成交通事故后，由谁来承担责任？车主？乘客？汽车生产商？汽车生产商的软件供应商？复杂的局面出现了。现在上路的无人驾驶汽车一般都有安全员坐在驾驶座上，法律问题还不算过于尖锐。在2018年3月发生的实际案例中，无人驾驶汽车撞倒一位行人，行人被送医后身亡，经过两年多的审理，认定车内安全员构成过失杀人罪。

最后是岗位问题。美国卡车司机工会为了防止因无人驾驶技术造成大量失业已经进行了多年斗争，主要途径是通过立法限制无人驾驶卡车上路。这个问题属于AI取代工人导致工作岗位减少的普遍问题，并不是无人驾驶汽车独有的，而是社会和科技发展的必然产物。

需要注意的是，无人驾驶和自动驾驶是不同的，一般按照自动程度，自动驾驶可分为6个级别：无自动、驾驶员辅助、部分自动、条件自动、高级自动、完全自动。无人驾驶是自动驾驶的最高级别，也就是完全自动。在无自动和完全自动之间的4个级别，均为部分功能自动，设计目标为提高行驶过程中的安全性，降低驾驶员的辛苦程度。常见的自动驾驶功能包括定速巡航、车道保持、主动刹车等。

目前，自动驾驶技术（包括自动程度最高的无人驾驶技术）正在与车联网技术融合并蓬勃发展。一旦自动驾驶汽车普遍应用到民众日常用车和运输系统中，将会为整个社会带来巨大的经济效益。

1. 请搜索一个成功应用无人驾驶汽车的实际案例。
2. 民航飞行员会在什么情况下开启自动飞行模式？

第6章

物流更聪明

科幻电影的编剧非常喜欢展示全息技术：会议室里有七八个人在开会，会议结束时，只有两个人从椅子上起身离开，其他人在说再见之后就消失不见了，原来他们是通过全息技术远程参会的。下面我们将进入经典的"原子与比特"讨论：移动原子，仅仅是为了传输或交换比特，这种情况可能会变得越来越罕见。比如，移动人体（移动一个成年人意味着需要移动大约1万亿亿亿个原子）去另一座城市开会。开会无非是为了交换信息，也就是交换比特，开启远程会议也可实现这一目的。

小提示

怎么估算一个体重为80千克的人体内有多少原子呢？人体的大部分是水（约70%），而蛋白质、脂肪主要由碳、氢、氧、氮组成，因此，在估算人体内的原子数量时，可近似地将人体视为由水构成。由摩尔数的知识可以得到：18克水所含的水分子数量约为6.02×10^{23}个，而1个水分子里有3个原子——两个氢原子和一个氧原子，所以，18克水中约有$3\times6.02\times10^{23}$个原子；80千克水中约有$4444.44\times3\times6.02\times10^{23}$个原子（结果约为0.8万亿亿亿个原子）。考虑到此前为了方便计算做了近似（把人体视为完全由水构成），因此可以粗略地说一个体重为80千克的人体内约有1万亿亿亿个原子。

不过，无论在现实生活中，还是在科幻电影中，人都不能通过下载一段信息的方式来吃饭、穿衣。原子的移动——物流——总是需要的。订购的原子，可能是由快递员送上门的，也可能是由人自己走到路边停靠的无人驾驶汽车中取出的，还有可能是通过无人机运送的。

那在现实生活中，如何应用北斗系统来提升物流能力呢？人们首先会想到车辆调度。以中国邮政为例，如果在每辆邮政运输车上都安装北斗终端（已经或接近完全实现），那么位置数

据就会全部汇总到控制中心。每辆邮政运输车用一个点表示并显示在控制中心的大屏幕上，在众多数据汇聚到一起后，控制中心通过大屏幕可以获得的信息包括：车辆的集中情况、各地物流的活跃程度、主要的运输线路等。

在有了位置数据和运输需求信息等相关数据后，负责调度的人可以通过操作电脑给出效率高、可靠性强、能耗低的运输方案。当然，只用一个控制中心来调度全国的邮政运输车是很困难的，应该按照运输路径的长短，把调度任务分给几个区域层级的多个控制中心，只要确保这些控制中心能够及时获得有用的数据即可。

再来说说北斗系统在其他方面的应用。全国各地的物流公司最愿意通过北斗系统解决哪些问题呢？两个问题：超速、空驶。

有些驾驶员为了能够快速完成任务，会突破物流公司对货车行驶速度的限制，甚至超速到违反道路交通安全法的程度。在安装北斗终端后，行驶过程中的全部数据，如高挡低速、急加速、空挡滑行、疲劳驾驶等实时预警报警数据将会传回物流公司调度室，行驶过程全程透明，在纠正驾驶员的驾驶习惯，从源头降低危险发生概率方面效果显著。据人民网报道，截至 2022 年 3 月，全国货运平台已经累计收到北斗系统提供的驾驶风险提醒服务超过 80 亿次，对超速的纠正率超过 96%，对疲劳驾驶的纠正率达到 41%。以北斗系统为“芯”的货运平台，积极促进了我国道路交通安全的持续改善。

可基于北斗系统收集货源信息，实时掌握货车和

货物所在位置，并提前进行相关工作的安排，如及时进行调度和配载，从而降低货车的空驶率，加强对司机的管理，解决私拉乱运问题。据中国新闻网报道，截至 2022 年 3 月，基于北斗系统的物流数字化体系，助力我国货车空驶率下降约 5%，年均节省上千亿元的燃油损耗，减少 1000 多万吨的碳排放量。

借助准确的定位技术，在物流仓库里移动货物包裹的工作不再需要人来完成，无人仓库早已进入应用阶段，但采用无人运输工具进行货运和配送，仍停留在探索阶段。其中的法律障碍比技术障碍更多。例如，无人配送车发生交通事故，责任如何认定；无人机配送是否涉及低空空域管制问题等。总之，若想利用无人运输工具实现“万物到家”，还有很多障碍需要克服。

除此以外，北斗系统的授时功能也已经应用在物流中。例如，由于铁路运输对时间的准确性要求高，因此，北斗系统的授时功能已在铁路运输中广泛应用。随着北斗三号面向全球提供服务，在欧亚大陆穿梭的中欧班列也可使用北斗系统提供的定位和授时服务。

鉴于北斗终端的可靠性强，以及北斗具有短报文通信的“独门绝技”，目前，大部分长江流域和近海的货运船舶，以及一些远洋货轮均采用北斗系统导航，民航货运于 2019 年 12 月 25 日首次采用北斗系统导航。

相信随着北斗系统在物流中的应用逐渐增多，北斗系统将会在优化物流资源、降低物流服务成本、提高物流企业竞争力、提升物流运输安全方面起到重要作用。

小提示

北斗终端以北斗系统为主，兼容其他卫星导航系统，因此可靠性强。北斗系统的独门绝技：短报文通信方式，可实时传递和跟踪车、船、飞机的运行信息，如油量、故障警报等。在遇到突发状况时，可直接使用北斗系统进行应急联络。

想一想　搜一搜

1. 什么是摩尔数？
2. 北斗系统为什么能提供授时服务？

第 7 章

日常生活

似乎人们对用手机解决工作和生活中的诸多事宜早就习以为常，但以历史的眼光来看，今天人们身处的“触屏时代”刚刚拉开帷幕。自2010年起，智能手机逐渐普及，人们开始习惯通过“一小片长方形玻璃”与世界连接。智能手机是一扇窗，打开这扇窗的是三张网——互联网、移动通信网、导航卫星网。三张网的叠加催生了真正的生活变革：互联网提供可供搜索的内容，并生成原子世界的映像——比特世界（数字世界）；移动通信网提供互联网入口；导航卫星网让一切有迹可循。

下面来观察L女士的一天，看看三张网（互联网、移动通信网、导航卫星网）是如何为我们带来便利生活的。

L女士一觉醒来，可穿戴设备可向其汇报整夜的睡眠情况。与家人吃完早饭后，L女士打算步行到地铁站乘坐地铁上班。拿出手机搜索路线：电子地图显示步行距离为3.4千米，用时约52分钟，并推荐了一条与大路平行的小路，小路车少，空气好，还能看到不一样的风景。L女士果断选择推荐的小路快步走，最终40分钟到达。

小提示

可穿戴设备可自动接收北斗卫星的授时信号，内置的北斗终端不仅可将定位误差控制在1米之内，还可以提供心率监测、血压监测、吃药保健提醒、跌倒报警等服务。

中午时，好朋友约她一起吃午饭。因两人的工作地点相距不到1千米，经常在一起吃饭的两人想尝试一下全新的口味。于是，L女士打开手机端的导航小程序，先定位到两人公司中间的一个路口，再搜索附近的美食，果然找到了几家以前从未去过的

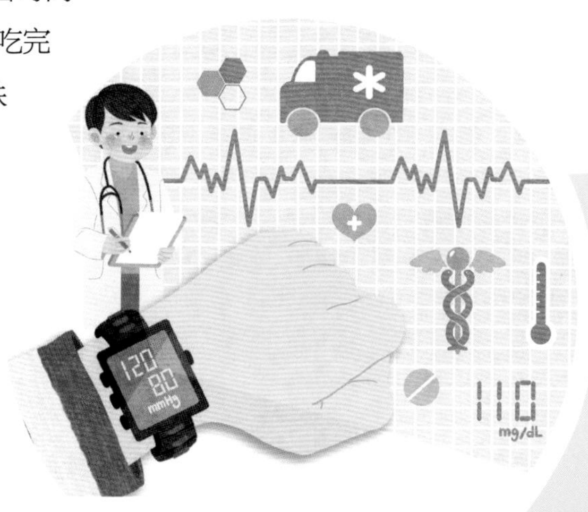

餐馆。选定其中一家后，她把餐馆位置发送到好朋友的微信上。

下班后，L 女士常在小区附近的公园沿着健康步道跑步。健康步道围绕一个人工湖而建，并穿过湖岸山坡上的树林，风景优美。今天天气很好，夜空纯净，红色的参宿四和蓝色的参宿七依稀可辨。

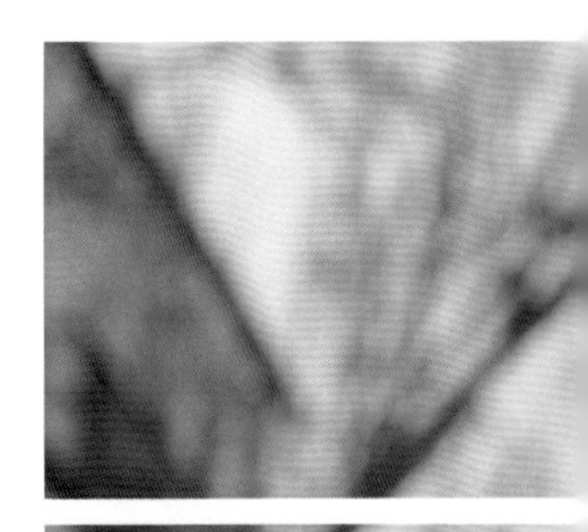

晴朗的夜晚，如果你在远离城市灯光的地方看星星，就很容易发现它们不都是白色亮点，而是具有各种颜色。最无法忽视其颜色的恒星可能是心宿二，也就是天蝎座的 α 星。它非常亮，是火红色的。古人又将其称为“大火”。壮丽的猎户座里有红色的参宿四和蓝色的参宿七，即便通过肉眼观察，也能看出它们的颜色。恒星的颜色体现了它们的表面温度。以织女星作为基准：织女星的表面温度约为 10000℃，是一颗蓝白色的亮星；温度高于它的，如 12000℃的参宿七，呈现蓝色；温度低于它的，随着温度的降低，呈现白色、黄色、橙色、红色。例如，红色的心宿二、红色的参宿四的表面温度都略低于 4000℃。

20米
28米
12米
7米
5米
5米

只见L女士身穿一身跑步服，迈着轻盈的步伐沿着健康步道跑步。突然，她停住了脚步，前方30米处有一只大丹犬跑了过来，状如小马，其主人不知所踪。L女士很怕狗，对遛狗不拴绳的行为十分反感。怎么办呢？情急之下，L女士机敏地藏了起来，并利用手机中的“公安110”小程序报警，以便警方在获取L女士的位置后，可在第一时间赶过来帮她摆脱困境。5分钟后，接到派出所电话的公园管理员解救了L女士。之后L女士得知，大丹犬是因挣脱了主人的牵绳而走丢，幸好它带着宠物定位项圈，主人很快找到了它。

睡前，L女士惦记两天前网购的手磨咖啡机，订单包裹运输到哪里了呢？打开常用的物流查询小程序，依托北斗系统的精确定位服务，订单包

裹的位置信息一目了然。

真是充实的一天！在这一天中，L女士使用了步行导航；搜索了特定位置附近的餐馆；通过小程序报警，并怀着惊恐的心情近距离看到了宠物定位项圈；查看了订单包裹的实时位置……所有这些，都是基于互联网、移动通信网、导航卫星网的叠加，让精确的定位和随时就绪的服务成为可能。

小提示

在物流配送车上安装北斗终端和视频终端，可将快递员、配送车、货运站的数据进行关联。只需要轻触手机屏幕，便能直观看到订单包裹的实时位置。

想一想  搜一搜

1. 除了移动通信网（最典型的是手机蜂窝网），人们还可以通过哪些网接入互联网呢？
2. 请列举两个需要读取手机位置的小程序。

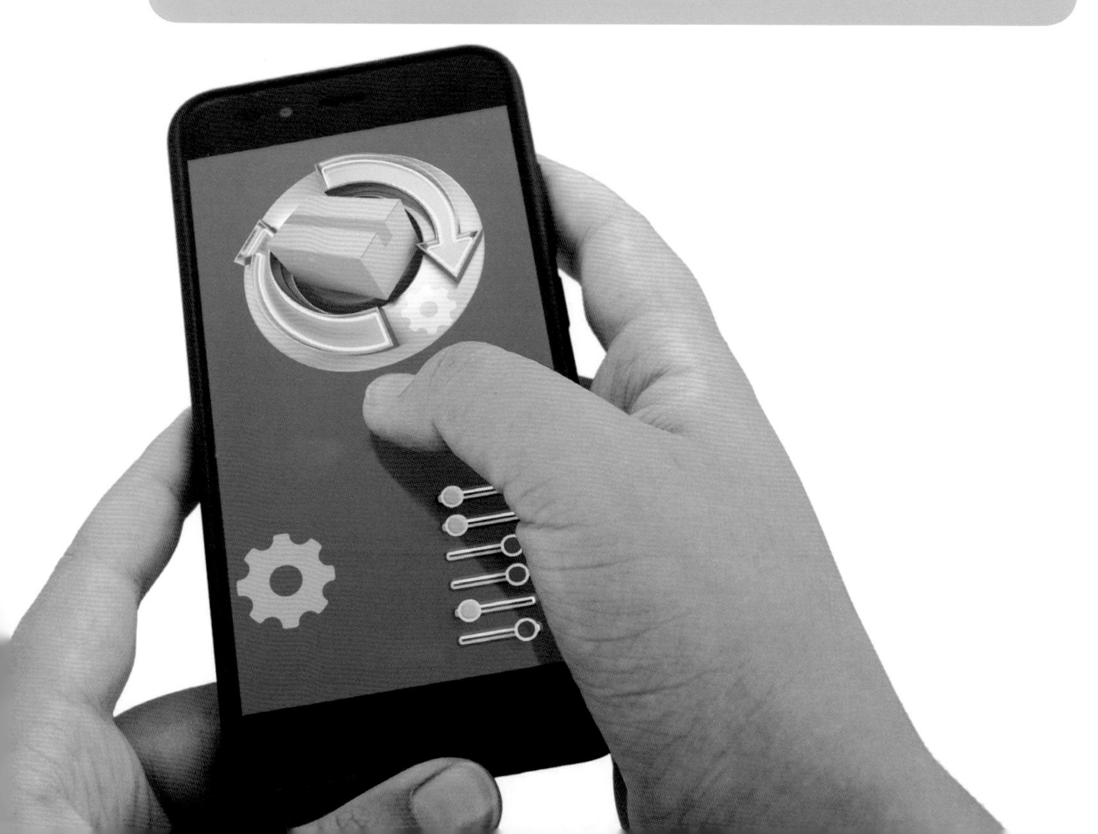

第 8 章

旅行

本章将继续讲述L女士的故事。

春暖花开，L女士决定去A山附近旅行。她是徒步爱好者，A山有两条徒步路线：一条在林谷，比较平缓；另一条需要爬山，但能通往半山腰的四叠瀑布，景色优美。

L女士查看了天气（天气预报小程序可基于北斗系统提供的定位服务及大气中的云团数据，对国内任何地点的天气做到实时更新），发现下周A山附近都是晴天。于是，L女士开始在微信群中呼朋引伴："下周都是晴天，不冷不热，适合去A山附近旅行……"L女士在成功邀请了六七位队员后，开始商量行程和住宿，并决定先逛逛A山附近的景点。

旅行开始了。第一天，L女士飞抵A山附近的机场，并乘坐机场大巴来到距离A山约80千米的县城。县城虽然并不知名，却有着十分重要的新石器时代遗址，经过挖掘整理，已开辟为开阔的公园，新石器文化博物馆也坐落其中。公园里有河，有山丘，垒石形式的房址位于离河不远的缓坡上，积石冢分布在高处，沿着山梁一字排开。公园里还遗存一座祭坛和一座窑场。L女士戴着蓝牙耳机，每到一处，手中的北斗智慧旅游终端就会根据北斗系统提供的定位信息，自动开始解说："此处出土了玉鸟和玉龙，遗存的窑场主要用来烧制筒形罐和斜口器……"遗址公园里的钢结构博物馆造型现代，不规则的玻璃幕墙似乎透出了远古时代的光。

与人工讲解相比，北斗智慧旅游终端的使用不仅更加灵活、方便，可随时中断、反复聆听，而且讲解更精准、规范。目前，国内的很多景区都已安装北斗智慧旅游终端，极大提升了游客的旅行体验。

在第一天的旅行结束后，队员们开始为第二天的A山徒步做准备。为了确保在徒步过程中队员不走丢，L女士为队员推荐了一款基于北斗系统

提供的定位服务，定位精度可达米级的小程序，作为队友共享位置的工具。小程序安装完成后，队员分头走到周围树林的不同位置，以便测试小程序的准确度。结果发现，通过这款小程序，即便是在夜里，也能很快找到队员。不仅如此，L 女士还随身携带一个包有橡胶边框的防震北斗终端，万一队员在 A 山迷路，即便在没有手机信号的情况下，依然可以通过防震北斗终端与北斗卫星通信，不需要手机网络；单击一个键，就能发出带有位置信息的求救信号；如果不慎掉入水中，防震北斗终端还会自动发出求救信号；防震北斗终端内置北斗芯片，可与其他安装了北斗芯片的终端或手机互发短报文。

准备完毕后，大家顺利完成了两条路线的徒步任务：林谷路线虽然平缓，但沿途的植被让队员们大开眼界；前往四叠瀑布的路线蜿蜒曲折，需要不断跋涉、爬升，确实是对体力的极大挑战。在队员们从四叠瀑布精疲力竭地返回到客栈时，通过北斗系统获取的高度数据可加载至登山小程序的今日路线图中：徒步总距离为 25.3 千米；最高海拔为 2617 米；累计爬升 908 米。

相信随着北斗终端的不断普及，北斗系统将在旅游领域发挥更大的作用，成为旅行者身边的讲解员、导航员、守护者。

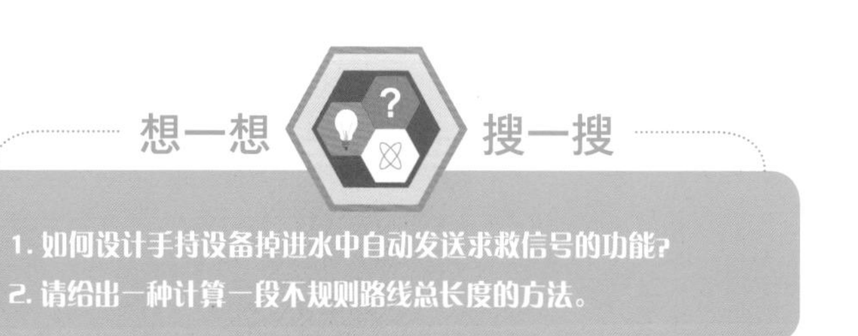

第9章

多旋翼无人机

对于多旋翼无人机，很多人认为它们仅能用于航空摄影，但实际上，多旋翼无人机还可以应用在森林防火、地震调查、边境巡逻、应急救援、管道巡检、野生动物保护等多个领域。目前，多旋翼无人机已经成为人们的“新帮手”。下面就让我们仔细观察一下这种飞行器并提出疑问。

第一个问题：常见的无人机有4个旋翼或6个旋翼，那旋翼有什么作用呢？答案是旋翼即风扇，可以通过向下吹风，让无人机飞起来。例如，把玩具小车平放在地板上，在玩具小车的车身上固定一个便携式的电动风扇，并让它朝着小车车尾的方向吹风，此时，小车会受到朝向车头的推力。同样地，无人机旋翼向下吹风，会给无人机提供一个向上的升力。当升力大于无人机整体的重力时，无人机就会获得向上的加速度，并飞离地面。

第二个问题：为了简化设计，只安装一个旋翼是否可行呢？答案是不行。之前的内容曾介绍过角位置，即物体的朝向。当物体的角位置随着时间发生变化时，物体就有了角速度。物体的角速度越大，转动的速度越快。

假设无人机只有一个旋翼，并把无人机视为两个物体：机体和机体上的旋翼。在无人机悬停在地面上空的某个高度时，将会受到整个无人机（机体和旋翼）的重力，以及受到旋翼向下吹风带来的升力。因为无人机悬停，所以这两个力大小相等、方向相反。保持悬停意味着旋翼需要保持一定的转速。旋翼在空气中旋转时，会受到空气阻力，若想保持一定的转速，就需要由加在旋翼上的动力来克服空气阻力。那么，旋翼上的动力来自哪里呢？是由安装在无人机里的发动机（电动机或内燃机）消耗电能或化学能产生的。力的作用是相互的，发动机转动旋翼，旋翼将会朝着相反的方向转动发动机。由于发动机固定在无人机里，是机体的一部分，旋翼转动发动机与转动机体无异，因此，只有一个旋翼的无人机，在悬停时，机体会与旋翼同时旋转，不但无法完成预定任务，还很容易失控，导致无人机翻转、跌落。看到这里，你可能会问：为什么只有一个旋翼的竹蜻蜓可以飞行呢？竹蜻蜓的情况与无人机有所不同：竹蜻蜓只是一个旋翼，没有机体，不存在因旋翼的旋转而造成机体旋转的问题。另外，竹蜻蜓是无动力的，离手之后，旋翼依靠惯性旋转，并产生升力，之后会因空气阻力导致转速不断下降、升力不断减少，发生竹蜻蜓上升到最高点后下降，直至停在地面上无法继续飞行的情况。

第三个问题：既然只有一个旋翼是不可行的，那么应该如何设计才能保持无人机稳定飞行呢？答案是安装两个或两个以上的旋翼，把旋翼转动无人机机体的力平衡掉即可（准确地说，需要平衡的是力矩）。若仔细观察直升机和各种旋翼飞行器，我们就能发现多种平衡方案。

第一种是尾桨方案：利用一个主旋翼向下吹风而提供升力，同时在飞行器尾部安装大致垂直于主旋翼的小旋翼（即在很多直升机上看到的尾桨），对着与机体旋转趋势相反的方向吹风，使其保持不旋转。

第二种是共轴反桨方案：在机体顶部安装两层共用一个旋转轴的旋翼，一个顺时针旋转，一个逆时针旋转，并通过叶片设计，确保两层旋翼都向下吹风，以提供升力。

第三种是双桨方案：在直升机前后各安装一个旋翼，都向下吹风，但一个顺时针旋转，一个逆时针旋转，以便形成平衡。

第四种是多旋翼方案：旋翼按花瓣形排列，都向下吹风（例如，在各种航拍无人机上看到的4旋翼或6旋翼方案；其实，单数个旋翼，如3旋翼、5旋翼也是可行的），并将旋翼分为两组，一组顺时针旋转，一组逆时针旋转，以便形成平衡。

消费级的多旋翼无人机有两种典型用途：无人机航拍和无人机表演。

表演用无人机一般大批出动，机身装有多种颜色的灯，可在夜空中排列成壮观的图案。这种无人机可以比航拍无人机小，但对定位精度的要求很高，需要地面站提供支持。

小提示

顺便介绍一下飞机和直升机的区别。虽然飞机和直升机都是航空器，但属于不同的类型：飞机主要由固定翼提供升力；直升机主要由旋翼提供升力。同样地，无人机也分为无人飞机和无人直升机。虽然常见的玩具无人直升机，有的采用共轴反桨方案，有的采用尾桨方案，有的采用多旋翼方案，但消费级的航拍无人机均为无人直升机，且几乎都采用多旋翼方案：航拍无人机需要一定的承重能力，对保护照相机的要求较高；多旋翼方案的优势明显，即相对容易实现平衡，便于操控；因旋翼多，所以叶片不必太长；更加坚固耐用。

一般情况下，航拍无人机使用无线电进行遥控。通过收到的来自遥控器的无线电信号，无人机控制系统把飞行指令（上升或下降、加速或减速、如何转向）转换为几个旋翼的速度变化值，让无人机按照飞行指令改变飞行状态。若发生无线电遥控失灵的情况，则需要考虑以下因素：是否因飞得太远收不到遥控器信号；是否因飞到障碍物背后，造成无线电信号被遮挡……如何应对以上因素呢？加装一个北斗模块即可解决：北斗模块每隔几秒便记录一次无人机的经度、纬度、高度数据，并保存从飞行出发点开始的飞行全过程轨迹；当无人机接收不到遥控器信号时，将启动自动飞行模式，并沿此前记录的飞行轨迹返航；在返航过程中，会根据北斗系统提供的定位实时导航，以便确保无人机不

偏离预设的轨迹。为什么无人机要沿原路返航而不是直线返航呢？因为直线返航有可能撞上障碍物。当然，还有其他的技术手段可用来确保无人机的安全。例如，在通过传感器发现前方障碍物时，无人机可实现自主躲避，或通过扫描降落区域来避免无人机掉落到危险地区。并不是任何时间、任何地点都可以进行无人机航拍的。在放飞无人机之前，需要了解政策规定，以避免“黑飞”——不允许的飞行。为了防止航拍爱好者“黑飞”，无人机厂商会设置电子围栏，画出禁飞区。电子围栏还能在云端更新，即由无人机厂商根据低空空域的管理规定来增加和解除临时禁飞区。例如，有时下达的飞行指令无效，让无人机向前飞，它却悬停不动，这是因为无人机的卫星定位信息显示，再向前就要进入禁飞区了，所以拒绝来自遥控器的飞行指令，自动悬停，以等待新指令。

总之，通过北斗系统的助力，可加强地面人员与无人机的信息交流，并提高对无人机的遥控能力。

想一想 搜一搜

1. 固定翼飞机也可以设计为直升机的飞行方式，请想一想如何实现。
2. 表演用无人机对定位精度的要求很高，需要地面站提供支持。请问为什么地面站能够改善定位精度呢？

第 10 章

精确到分钟的天气预报

天气预报是对未来一段时间内天气变化的估计和预告，在保护人民生命财产、促进经济发展等方面发挥着重要作用。天气预报的主要数据来自气象站和专门的气象卫星。北斗系统也能为天气预报提供有用数据。天气预报小程序能把一个地方何时开始下雨和何时停止下雨的时间精确到分钟，就是综合运用北斗卫星和北斗地面站数据的结果。

研究人员也在尝试通过北斗系统获得用于天气预报的数据。例如，北斗地面站可通过接收的北斗卫星的信号传输时长来判断此刻大气中的水汽含量。若要理解这一点，需要先储备一些关于电磁波的知识。各种无线电波、微波炉里用来热饭的微波、承载北斗卫星信号的微波，以及红外线、可见光、紫外线、X 射线、γ 射线等都是电磁波。光子是电磁波里的能量微粒，它没有静止质量，传播速度非常快。因为光子的存在，电磁波与其他的波，如水波、声波都不同：电磁波可以在真空中传播；电磁波在真空中的传播速度是宇宙间所有物体传播速度的最大值，约为 30 万千米 / 秒；电磁波在其他介质中的传

小提示

北斗卫星对天气预报的主要贡献并不是提供用于天气预报的数据，而是利用短报文通信功能，为偏远地区的气象站传递观测数据。气象站的观测数据包括环境温度、环境湿度、露点温度、风速、风向、气压、太阳总辐射、降雨量、地表温度等。为天气预报提供服务的卫星主要是气象卫星，它们是天上的气象站。气象卫星的观测内容包括云量、云顶温度、云内凝结物相位、陆地表面状况、海洋表面状况、大气中的水汽分布、大气中的臭氧分布等。

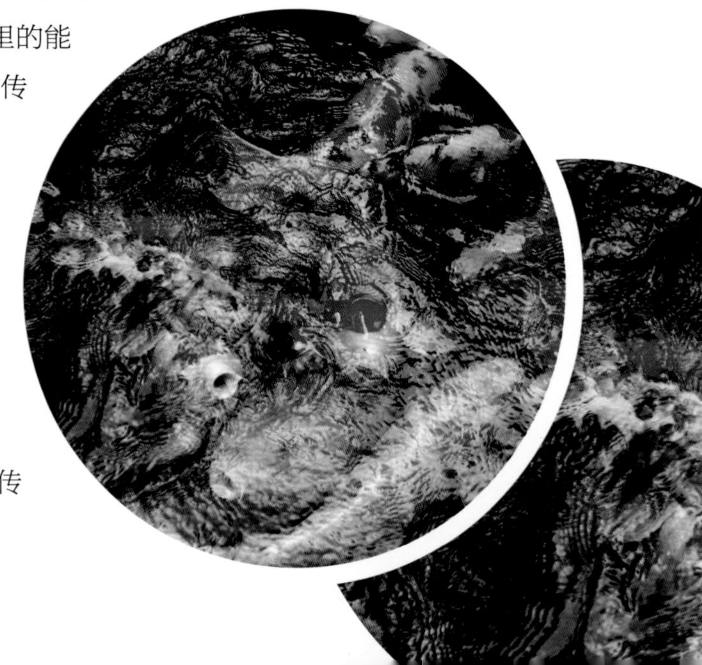

播速度低于在真空中的传播速度。例如，电磁波在干燥大气中的传播速度几乎和在真空中的传播速度相等，但在湿润大气中传播时，会出现减速现象。因为电磁波在穿过湿润大气时，意味着在传播路径上有数不清的小水滴，电磁波在小水滴中的传播速度约为 22.5 万千米/秒，明显低于在真空中的传播速度，只有后者的 75%，也就是说，电磁波在含有水汽的空气（含有水汽，也就是含有小水滴的空气，是干燥空气和水的混合物）中的传播速度低于在干燥空气中的传播速度，高于在水中的传播速度，含有的小水滴越多，电磁波的传播速度越慢。

中国古代是农耕社会，天气对古人耕种而言是非常重要的。在既没有卫星，也没有气象站的情况下，古人是如何预测天气的呢？古人在预测天气时，往往会选择一些参照物，如云、动物等，并形成了大量谚语：“朝有破絮云，午后雷雨临”“蜻蜓飞得低，出门戴斗笠”“燕子高飞晴天告，燕子低飞雨来报”……虽然这种依靠积累的生活经验总结出的相对可靠的天气预报方法，为春种秋收提供了一定的保障，但这些办法是无法准确预测下雨和停雨时间的。若能掌握某一地点在某一时刻大气中的水汽含量变化情况，则一切都会变得不同，即准确预测降雨，并能提供精确到分钟的预报。其实古人在预测是否下雨的办法中也用到了对大气的观察。例如，鱼靠鳃呼吸水中的氧气。天晴时，气压高，更多的氧气被压入水中，鱼便安静地沉入水中；阴雨之前，气压低，氧气溢出，水里溶解的氧气变少，鱼便浮上水面呼吸。所以有“鱼儿出水跳，风雨就来到”之说。

在了解了影响电磁波传播速度的因素后，如何据此判断此刻大气中的水汽含量呢？

第一步：记录北斗地面站接收到的北斗卫星信号传输时长。此刻，北斗地面站和北斗卫星的位置是确定的：北斗地面站有准确的经度、纬度和高度；可通过星历信息确定北斗卫星的位置（通过高度及星下点的经度、纬度来表示）。

第二步：通过北斗地面站和北斗卫星的位置，计算得出北斗卫星和北斗地面站的距离。

第三步：在有了电磁波信号的传输时长、传输距离后，即可计算传播速度，并计算传播速度与真空中传播速度的比值，以此估算北斗地面站所在地大气中的水汽含量。之所以北斗卫星和北斗地面站的通信时间测定能达到很高的精度，是因为北斗卫星信号带有精确的通过原子钟校准的时间信息。

第四步：持续测定某个地域内多个北斗地面站上空的水汽含量，并实

时传送到气象局；气象局通过数据分析，获得水汽含量的变化情况；结合来自气象站和气象卫星的数据，即可提供精确到分钟的天气预报。

天气预报是气象防灾减灾的第一道防线。北斗系统对强化气象服务能力、提高预报预警服务水平起到了重要作用。

想一想  搜一搜

1. 请说出两个关于气象的谚语，并思考一下谚语背后隐藏的科学原理。
2. 光在真空中的传播速度是多少（请精确到米/秒）？请列出光在几种介质中的传播速度，并计算它们与光在真空中传播速度的比值。

第 11 章

大众体育

体育运动是我们生活的一部分。体育运动，能够使人精力充沛、体质增强。体育运动有大众体育和竞技体育之分，它们既高度相关，又有显著区别。

小提示

大众体育是发展竞技体育的基础，是以锻炼身体为目标，根据业余、灵活、多样的原则进行的身体活动，肩负着为竞技体育发现人才、输送人才的任务。以篮球运动为例，很多专业篮球运动员是从青少年爱好者中脱颖而出的，并且一个地方的篮球爱好者越多，越有可能从中挖掘篮球竞技体育的商业价值。

竞技体育则是在全面发展身体，最大限度地挖掘和发挥人（个人或群体）在体力、心理、智力等方面的潜力的基础上，以攀登运动技术高峰和创造优异运动成绩为主要目的的一种运动活动过程（此定义源于“科普中国”）。

为了避免混淆，本章先来谈谈北斗系统在大众体育中的应用。目前，很多具有卫星定位功能的小工具，已成为人们锻炼身体时的好帮手。比如，跑步爱好者经常提及的平均配速是如何监测的呢？平均配速是指每跑一千米所需要的时间，是在马拉松运动中使用的概念。如果不使用卫星定位功能，则监测平均配速的流程复杂：首先，测量跑步线路的长度，并设置一些计时点；然后，在训练过程中，携带一块秒表，每到达一个计时点便记录用时数据；最后，通过下面的公式计算平均配速：

从出发时刻到测量时刻的平均配速＝已用时间（分钟）/ 已跑路程（千米）

一段路程的平均配速＝从路程起点到路程终点的跑步用时（分钟）/ 路程（千米）

小提示

跑步小程序给出的平均配速是将导航卫星获取的轨迹采样折算成路程，再除以时间计算出来的。在运动过程中，基于运动手表与手机记录运动轨迹的精度稍有不同：运动手表基于导航卫星进行定位；手机则在导航卫星定位的基础上，同时通过通信基站进行辅助定位。

在得到卫星定位功能的助力后，监测平均配速就变成了一件容易的事儿：通过手机端的任意一款跑步小程序，可随时看到跑过的路径和平均配速。虽然可供选择的跑步小程序很多，有的偏重于制订训练计划、有的偏重于记录消耗的热量、有的偏重于分析运动强度，但最基本的功能都是基于卫星定位功能来记录路径、导航、监测运动速度等。

其他户外运动（如游泳、滑雪等）也有各自的小程序供爱好者使用，与跑步小程序大同小异。与其他运动相比，自行车具有一定的独特性：沿公路骑行既是运动，也是旅行。因此，自行车小程序集成了“北斗系统数据 + 地面传感器网络数据”，从而提供周边的设施情况、景点位置、特色餐馆位置等信息。

即便你是一名孤独的跑者，你也不是一个人在锻炼。站在北斗卫星的视角，有成千上万的跑者与你同行。因此，各类运动小程序会基于位置，鼓励你把路径图、运动距离、运动时长等发到线上社区，与社区内的成员交流、比试、互相鼓励，从而达到坚持锻炼的目的。

北斗系统为全民健身赋能，也将为全民探寻更为健康、更为时尚、更多类型的运动方式。

1. 请列举一两个在体育运动中使用卫星定位功能的情景。
2. 为什么带着手机跑步或走路，手机能够记录步数？

时间
19:41
心率
75 次 / 分钟
能量
97%
时长
35 分钟
记录
19:41
速度
12 千米 / 时

第 12 章

竞技体育

之前已经介绍过，竞技体育和大众体育存在重叠之处：大众体育中一些项目的高水平爱好者可以参加竞技体育，即正式的全国赛事乃至全球赛事。事实上，全球最大的综合竞技赛事——奥林匹克运动会，为了接近大众体育以扩大其广泛性，吸引业余选手参赛，在定位上特意与“职业竞技”区分开。第 11 章介绍的基于卫星定位功能的跑步、自行车、游泳、滑雪项目的辅助训练工具，同样受到竞技体育参与者（或称运动员）的欢迎。以水上运动为例，加载了卫星定位功能的智能防水设备，可为各种水上运动（游泳、皮划艇、帆船等）的运动员监测运动速度。

鉴于竞技体育相对大众体育而言要求更高，因此，其辅助训练工具也综合了更多的科技，比较常见的是通过可穿戴设备，将卫星定位模块、身体传感器（如智能心电监测贴片）和通信模块结合起来，不仅能够实时获取运动员的速度、加速度、身体状况等信息，还可在运动轨迹中的关键位置识别身体的多个重要关节点变化，并发送给教练员，以便科学指导运动员的训练。目前，这类可穿戴设备已被大量应用：一方面，开展运动损伤的风险体系研究、监测运动员的身体状况，若检测到异常，则可及时发出预警；另一方面，记录用于复盘运动过程的数据，以便帮助运动员提高运动成绩。

除此以外，北斗系统还可为竞技体育赛事提供技术支持。例如，2017 年在桂林市举办的阳朔国际山地越野赛、2018 年在西安市举办的国际马拉松赛、2019 年在四姑娘山举办的超级越野跑比赛、2020 年在成都市举办的青少年定向越野比赛等，都把应用北斗定位功能（用于确保参赛者安全和辅助裁判工作）作为赛事组织的重要内容，特别是 2018 年在印度尼西亚举办的第十八届亚运会上，基于北斗系统的智能导游系

统为游客和景区管理者提供了智能地图的精确导览、多语种景点语音讲解、实时跟踪定位、电子围栏报警、SOS 紧急求救、人员疏散指挥、客流数据分析等综合信息服务，这既是北斗系统在大型赛事综合应用中的集中呈现，也是北斗系统服务全球用户的成功案例。在积累了这些成功经验后，北斗系统的“超能力”在全世界关注的第二十四届冬季奥林匹克运动会（2022 年北京冬奥会）上也得到了充分展现。

有些体育项目，如雪上运动、越野马拉松，在进行赛事保障时特别需要通过监测环境数据来降低因天气突变带来的风险：越野马拉松的赛事组织者和运动员最关心比赛地点会不会突然出现大风、降雨、降温的情况，这些天气状况可能会对运动员的身体健康乃至生命造成威胁；雪上运动的赛事组织者和运动员需要实时监测赛道上的纵风和横风，以评估它们对比赛成绩的影响。带有北斗定位功能的手持便携式气象站，是为这类体育项目提供赛事保障的重要工具。

在奥运场馆和专用道路的建设之初，北斗系统就已开始大显身手。进入比赛期，北斗系统更是在赛事保障、观赛观众引导、运动员服务等方面表现优异。例如：

赛事保障：高山滑雪场地的面积大、落差大、环境复杂，因此高山滑雪是最需要精心设计赛事保障方案的项目之一。北斗系统可实时为工作人员提供定位服务，如果工作人员靠近危险区域，则将触发提前设置的虚拟电子围栏，并实时报警，以此保障场地内人员的安全。北斗系统凭借自身的高精度定位技术可准确记录运动员的运动轨迹，辅助裁判员进行裁决，从而保证赛事的公平公正。

观赛观众引导：为了让观赛观众不至于在庞大的体育场馆中迷路，并快速找到安检区、乘车点、观赛区，通过北斗系统的高精度定位技术，北京冬奥会还实现了座椅引导，即观众在手机小程序中输入自己的座位号，小程序将会直接计算出到达座椅的最优路径，并引导观赛观众前往。

运动员服务：在运动员服务方面，最典型的北斗系统应用案例当属在三个奥运村（北京奥运村、延庆奥运村、张家口奥运村）中穿梭往来的无人驾驶汽车和无人驾驶小型特种车辆了。无人驾驶汽车，如无人驾驶中型巴士、无人驾驶共享轿车、无人驾驶大型清扫车等；无人驾驶小型特种车辆，如MINI配送车、MINI清扫车等。这些

车辆都通过使用“北斗 +5G”定位技术，实现了厘米级的定位精度。5G 与北斗的融合，促进了万物互联及精准协同：北斗系统负责提供定位技术；5G 负责提供信息传输服务，同时辅助定位。它们分工明确，各司其职，共同为北京冬奥会注入了更多的科技力量。

赛后，国际奥委会主席托马斯·巴赫曾给出这样的评价：“北京冬奥会是一届史无前例的冬奥会，科技、智慧、绿色、节俭，我们看到如此优秀的科学技术被应用到奥运赛事中。”北斗系统为北京冬奥会贡献着科技与智慧，是真正的幕后英雄。

想一想　搜一搜

1. 如果由你负责组织学校的运动会，请设想北斗系统能提供哪些帮助？
2. 若在赛事中出现需要应急救援的情况，则北斗系统能发挥哪些作用？

第 13 章

服务长者

年长当然是一种幸运，但身体，尤其是大脑机能的衰退也不可避免，需要认真应对。从古至今，“老吾老以及人之老”都是家庭和社会的重要议题。北斗系统在服务老年人方面又有哪些应用呢？下面先从斯芬克斯之谜中“晚上用三条腿走路”的“第三条腿”——拐杖说起。

顾名思义，智能拐杖就是为了解决部分人行动不便而研发的智能产品。智能拐杖可加载各种功能，如打电话、听音乐、听广播、手电筒照明等。在诸多功能中，最重要的功能均基于卫星定位技术。例如，单击手机小程序中的“实时定位”按钮，可对智能拐杖进行反向定位，以便查询到拐杖使用者的位置信息；在拐杖使用者遇到困难时，可通过智能拐杖发出带有位置信息的紧急求救信号，之后由 24 小时值守的智能拐杖服务商来响应和处理，与此同时，智能拐杖还会自动发出报警声（大于 80 分贝），以便引起身边人的注意，并在第一时间提供帮助；可为智能拐杖设置电子安全围栏，如果智能拐杖移动到围栏之外，则立刻发出智能提醒，大大降低了使用者走失的风险。

如果担心老年人因把智能拐杖遗忘在某个地方而导致定位错误，则可使用具有定位功能的智能手表。与智能拐杖类似，给老年人用的智能手表也可给家人的手机发送位置信息，并能一键发出紧急求救信号，以及设置电子安全围栏等。但智能手表因体积小、电池容量小、耗电快、充电频繁、功能多、使用复杂，并不能让所有人满意。此时，另一种设备映入眼帘——老年人定位器。老年人定位器的设计者挥动“大刀”，砍掉了全部无关紧要的功能——收音机、音乐播放器、计时器，有些款型的老年人定位器连通话功能也不留。长得像汽车钥匙的老年人定位器，只有一个按钮——SOS，遇到紧急情况时按下，即可发

出带有位置信息的紧急求救信号。家人通过对老年人定位器进行反向定位，可实时查看使用者的位置。老年人定位器可挂在钥匙环上或放进口袋中，既不容易丢失，也不必常常取出充电（能耗低，可十天半个月充一次电）。

老年人定位器还有一种改进版——北斗老年关爱卡，由居委会或社区工作人员免费发放给社区内的老年人。“北斗老年关爱卡”的位置信息发送功能以及SOS紧急求救功能与一般的定位器并无区别，不同之处在于社区工作人员可呼叫全部或部分“北斗老年关爱卡”的持有人，就像把村里的广播安装到了老年人身上，以便发出天气变化提醒、体检通知等。当然，通话是双向的，“北斗老年关爱卡”的持有人既可以和社区工作人员聊天，也可以给家人打电话。

针对老年人的健康管理需求，北斗系统又是如何满足的呢？将定位功能和健康管理功能组合起来打造的智能产品，可同时扮演定位器、计步器、血压和心率监测仪的角色。例如，有的社区为65岁以上的老年人赠送基

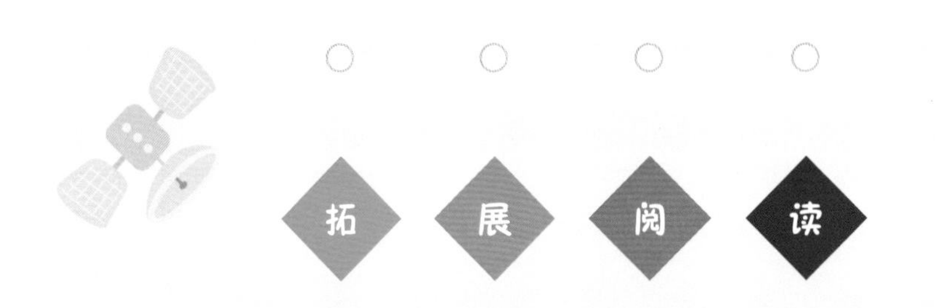

一种出现在小说里的神奇物品或许很适合老年人使用。J.K. 罗琳在小说《哈利·波特》中设想了“韦斯莱钟”，钟面有多根指针，每根指针对应一个人的所在位置：爸爸在魔法部；妈妈在家里；哥哥在罗马尼亚；罗恩在霍格沃茨学校旁边的禁林里……2017年，有人借助“韦斯莱钟”的概念做出了Eta Clock。Eta Clock中长短、颜色各异的指针对应家中的每个人，钟面圆周上的刻度则表示学校、办公室、飞机、运动场、户外等。如果对“韦斯莱钟”稍加改进（不仅能显示家人的位置，还能显示诸如汽车、自行车等物品的位置），就能综合显示使用者关心的多个位置。若想实现这个想法，则需要两个条件：一是共享位置的家人携带定位器（可集成在手机里），在需要显示位置的物品中放置定位器；二是所有定位器都能与“韦斯莱钟”通信，以便实时发送位置信息。

于北斗系统的智能腕表，以便进行实时定位，以及心率监测、血糖健康风险评估、血压测量评估等。测得的位置数据、身体数据还会显示在社区大数据中心的屏幕上。一旦检测到异常，如老年人跌倒，即可通过微信、短信、电话、小程序弹窗等多种途径报警。

科技照亮未来！在北斗系统的助力下，以前生活中的诸多不便开始逐一解决。通过对老年人行动轨迹的实时追踪，遇到危险时及时给予救助，不仅为老年人的生活带来了便利，更能让儿女放心。关爱老年人，让爱走得更远。

想一想 搜一搜

1. 当智能拐杖的使用者摔倒时，智能拐杖是如何判断出现异常的呢？
2. 在智能拐杖检测出使用者可能摔倒后，会立即发出报警信息。在报警过程中会用到哪些技术呢？

第 14 章

关爱儿童

与为老年人设计的智能手表不同，为了确保儿童的安全，适用于儿童智能手表的定位器一般会进行一些特殊功能设计，如通话限制，只能拨通由父母设定的几个号码以及 110 等报警电话；又如强制接听，父母的来电会被自动接听，以确保父母能够听到手表周围环境的声音，及时了解孩子的情况。

随着“北斗 +5G”复合定位技术的成熟，以及 5G 通信基站的大量布设，厂商纷纷为儿童使用的定位器加载了室内定位模块，以确保在室内或接收不到北斗卫星信号之处，只要周围存在手机通信基站，就能完成精度在 10 米左右的定位。

由于为儿童设计的定位器需要考虑到一些极端情况（例如，遭遇拐骗或绑架），因此有些定位器具有异常报警功能，即当出现信号屏蔽、定位器被解开时，会向监护人的手机发送一条提醒信息。还有一种防止人为移除定位器的方法：将其设计得很小，并且伪装起来，比如，做成书包的标签、衣服的纽扣，甚至藏在鞋中。

很多孩子喜欢到水边玩，这成了父母的心头大患。有的定位器加载了临水预警功能，即把定位器的位置与地图进行实时比对，一旦发现定位器靠近水面（如距离小于或等于 10 米），就向父母的手机发送报警信息。

有了北斗系统的助力，一些学校将学生的校园卡升级为“北斗校园卡”，“北斗校园卡”的功能更为强大。基于“北斗校园卡”的学校信息系统，可运用“三张网”（互联网、移动通信网、导航卫星网），为学生提供实时定位、电子围栏、临水预警、语音通话、考勤管理、信息发布等功能。与智能手表、智能手机相比，“北斗校园卡”的优势是没有屏幕。你没有看错，没有屏幕，意味着拥有防止孩子分心的优势。常见的“北斗校园卡”拥有如下模样。

外壳为塑料材质的几毫米厚的长方形卡片。

卡片的一面什么都没有，只用来印图案；另一面放置四个按钮，一大三小：大按钮用于接听，监护人最多可为其设置 8 个能打进来的电话号码——有效拦截骚扰电话；三个小按钮对应三个拨出号码——最多能向三个号码拨打电话。

小提示

有的“北斗校园卡”会“尖叫”，如果它不见了，家长可在手机端的小程序中单击“寻卡”按钮，“北斗校园卡”便会发出刺耳的声音，以便引导“主人”将其找回。

北斗系统还被用于关爱农村留守儿童。全国妇联、国家信息中心、中国儿童少年基金会、北斗航天卫星应用科技集团曾联合发起“北斗关爱新行动”，面向广大农村留守儿童，为他们捐赠定位器。定位器的位置数据可发往留守儿童关爱大数据平台。平台的工作人员通过手机端的小程序可对留守儿童进行定位，必要时还可进行呼叫。这个留守儿童关爱大数据平台，能够提供安全防护、预警应急、公益救助、健康监测、医疗援助等综合服务。

如果在定位器中加入加速度计模块，就能感知定位器运动状态的变化。而定位器运动状态的变化，可能意味着出现了某种需要应对的情况。供老年人和儿童使用的定位器常常装有加速度计。若加速度计测出定位器在一小段时间内处于匀加速运动状态，并且加速度约为 $9.8m/s^2$（1 个重力加速度），则可判断定位器的运动状态为“跌落”，即自由落体运动。那么，“一小段时间”是多久呢？一个物品从 0.5 米的高处掉至地面，用时约为 0.32 秒；从 1 米的高处掉至地面，用时约为 0.45 秒；从 1.5 米的高处掉至地面，用时约为 0.55 秒。所以，如果加速度计测得的保持 1 个重力加速度的时间约为 0.4 秒，则基本可以判断出现了跌落情况。这时定位器应该报警，并向使用定位器的孩子或老人的家人发送一条报警信息（定位器跌落的原因可能是携带定位器的人摔倒了，或者定位器从口袋中掉出来了）。

在学生往返于住宅小区和学校的过程中，内置北斗终端的校车扮演着重要角色：不仅能够有效识别车辆周围近距离的危险，而且一旦出现车辆超载、偏离预设线路、司机疲劳驾驶等情况，内置的北斗终端便会发出预警，还可在校车遇到突发事件时发送紧急求救信号。

“十年树木，百年树人。”愿在北斗系统的关爱下，“小树”能够茁壮成长，早日成为栋梁之材！

想一想　搜一搜

1. 如何实现定位器被解开时向监护人的手机发送提醒信息的功能？
2. 设想一种情况：公园里新建了一个人工湖，如何让在人工湖建成之前就已开始使用的儿童定位器“知道”新增水域的存在？

第 15 章

摄影

当卫星定位与拍摄结合时将产生奇妙的“化学反应”。

使用照相机和手机拍摄的数字照片是用文件标准格式存储的，如 JPEG、TIFF 等，都支持在照片文件里记录 EXIF 信息。EXIF，即 Exchangeable Image File Format，可交换图像文件格式。EXIF 信息包括拍摄的基本信息，如照相机的型号、镜头焦距、光圈、快门速度、曝光补偿值、感光度、测光方式等。在有了卫星定位的助力后，拍摄位置的经度、纬度和高度也可以记录到 EXIF 信息中，这为拍摄者和照片的欣赏者提供了诸多便利。还记得 L 女士的 A 山之旅吗？她在 A 山拍下了许多鹿蹄草、千屈菜、金丝桃、藜芦花的照片。在旅行结束后，L 女士通过读出 EXIF 信息中的位置数据，就能知道哪些照片是在高纬度地区拍摄的，哪些照片是在低纬度地区拍摄的。L 女士的照相机里并没有卫星定位模块，那照片的位置数据是如何记录下来的呢？原来一些照相机可与手机通过蓝牙连接，拍摄时将把从手机获得的位置数据写进 EXIF 信息。

天文望远镜配上具备自动寻星功能的经纬仪，就能连接单反相机拍摄多种天文照片。例如，小 C 是一名天文爱好者，习惯使用一款天文小程序来寻找适合观测的星星。

现在是初秋的晚上 8 点，天已经全黑。小 C 在森林公园的光污染较少处打开指南针小程序，发现对着西边高度稍低于 45° 的位置有一颗亮星，并在

小提示

地球沿着公转轨道运行，同时不停地自转，而一个人在某个时刻，只能位于地球上的特定位置，即只能看到此刻地球表面的这个位置朝向的天体。所以，站在地面看到怎样的星空，取决于站立的地点、季节和时刻。

不停闪烁，通过方位判断出它是“著名”的恒星之一——大角星，并通过大角星认出了壮丽的牧夫座。之后小C仰头望向天顶，又找到了织女星。织女星和大角星这两颗0等星，“统治着”此时的夜空。

小C打开天文小程序，群星和星座都出现在手机屏幕上。他通过手指滑动来旋转手机屏幕上的夜空，让地平线上的“西”字移动到手机屏幕的底边中点，并让大角星位于屏幕中央，以此验证自己的判断。天文小程序还提示，木星即将从东方地平线升起。

小提示

大角星是牧夫座中最亮的恒星。织女星是天琴座中最亮的恒星（天琴座很小，因状如竖琴而得名）。它们距离地球较近：大角星距离地球约37光年，织女星距离地球约25光年。

我们现在看到的大角星和织女星的光，是分别从37年前和25年前发出的。

小提示

天文小程序如何知道小C此刻面对的是哪片星空呢？天文小程序从手机中读取了两组数据：一是时刻（现在是一年中哪一天的什么时刻）；二是位置（通过手机中的卫星定位模块获得手机的经度和纬度）。有了这两组数据，从地心向小C的站立位置（地面一点）作射线，射线指向夜空的方向正是小C此时看到的天顶方向，而地平线以上围绕天顶的天区，就是小C此时的可见天区。

小 C 决定拍摄西南方向蛇夫座里的球状星团 M10。他努力寻找亮度相当于 5 等星的 M10。如果天气晴好、光污染少，那么 M10 是肉眼可见的。但此刻，小 C 盯着夜空看了好一会儿，仍无法找到，随即放弃了分辨 M10 这一艰苦工作。在有了具备自动寻星功能的经纬仪后，寻找特定天体的工作就变得容易很多。架好天文望远镜并校准经纬仪之后，小 C 在经纬仪的手控器上输入“M10”，并按下“确认”键，此时天文望远镜开始缓慢地水平转动，之后俯仰转动并最终停了下来。小 C 凑近天文望远镜一看，发现长得类似于白色小绒球的 M10 位于天文望远镜的视野正中！

随着卫星定位模块应用到更多观测设备中，将会诞生更多天文爱好者追星逐月的故事。

“Stellarium+”小程序中的蛇夫座及球状星团 M10

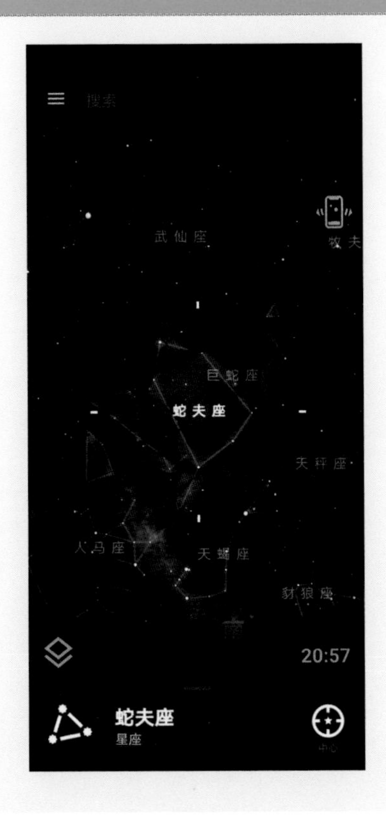

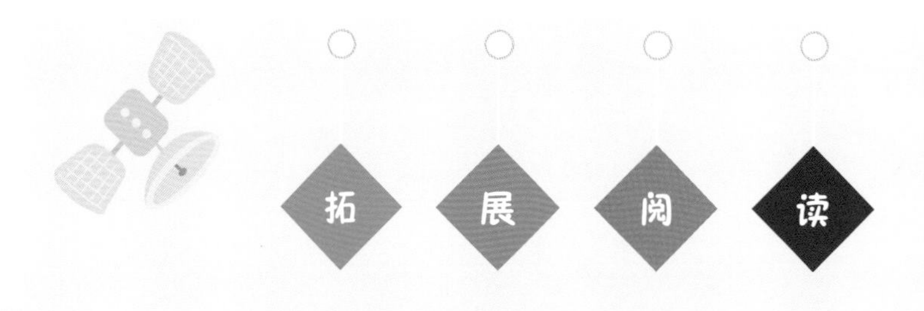

具备自动寻星功能的经纬仪是如何找到特定天体的呢？其运行原理和天文小程序一样，只要有时间、经度、纬度，经纬仪的控制系统就能“知道”此时此刻使用者正面对着哪片星空，也能通过读取天文数据库“知道”这片星空中特定天体的方向角和高度角，从而让伺服电动机驱动镜筒，让镜筒的方向角和高度角与特定天体的方向角和高度角保持一致，即对准天体。

想一想  搜一搜

1. 赤道仪和经纬仪有什么不同?
2. 为什么可以用角度表示高度?

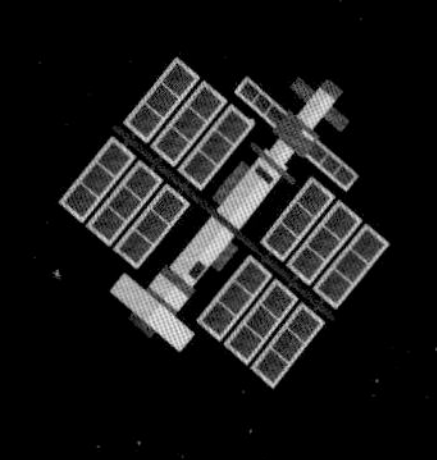
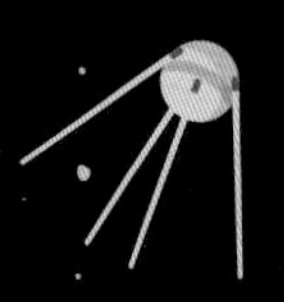

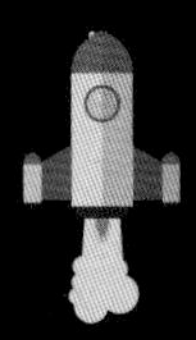

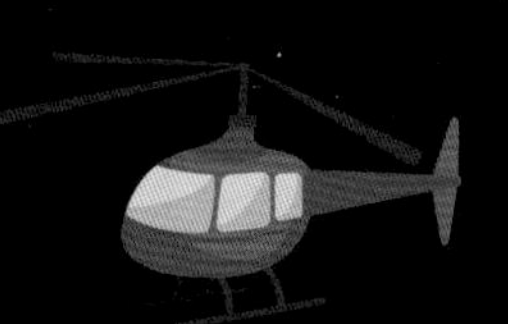

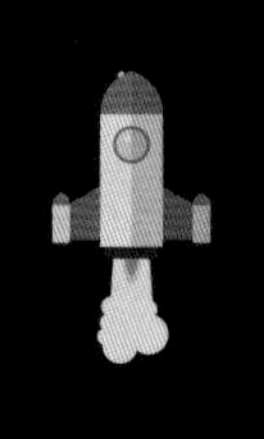
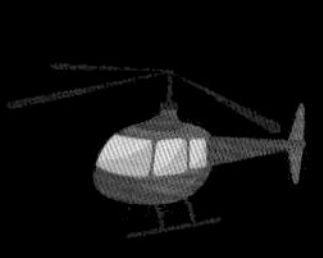

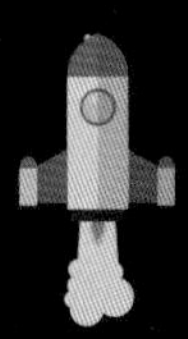